中国国家公园体制建设研究丛书
Research Series on Development of China's National Park System

Research on
Governance Structures for
China's National Park System

中国国家公园
治理体系研究

刘金龙　赵佳程
徐拓远　金萌萌　——　等著

中国环境出版集团·北京

图书在版编目（CIP）数据

中国国家公园治理体系研究/刘金龙等著. —北京：中国环境出版集团，2018.10

（中国国家公园体制建设研究丛书）

ISBN 978-7-5111-3678-7

Ⅰ．①中…　Ⅱ．①刘…　Ⅲ．①国家公园—管理—研究—中国　Ⅳ．①S759.992

中国版本图书馆 CIP 数据核字（2018）第 105078 号

出 版 人　武德凯
责任编辑　李兰兰
责任校对　任 丽
封面制作　宋 瑞

 更多信息，请关注
中国环境出版集团
第一分社

出版发行　中国环境出版集团
　　　　　（100062　北京市东城区广渠门内大街 16 号）
　　　　　网　　址：http://www.cesp.com.cn
　　　　　电子邮箱：bjgl@cesp.com.cn
　　　　　联系电话：010-67112765（编辑管理部）
　　　　　　　　　　010-67112735（第一分社）
　　　　　发行热线：010-67125803，010-67113405（传真）
印　　刷　北京中科印刷有限公司
经　　销　各地新华书店
版　　次　2018 年 10 月第 1 版
印　　次　2018 年 10 月第 1 次印刷
开　　本　787×1092　1/16
印　　张　8.75
字　　数　160 千字
定　　价　39.00 元

中国国家公园体制建设研究丛书

编 委 会

踏上国家公园体制改革新征程

自 1872 年世界上第一个国家公园诞生以来，由于较好地处理了自然资源科学保护与合理利用之间的关系，国家公园逐渐成为国际社会普遍认同的自然生态保护模式，并被世界大部分国家和地区采用。目前已有 100 多个国家建立了近万个国家公园，并在保护本国自然生态系统和自然遗产中发挥着积极作用。2013 年 11 月，党的十八届三中全会首次提出建立国家公园体制，并将其列入全面深化改革的重点任务，标志着中国特色国家公园体制建设正式起步。

4 年多来，国家发展和改革委员会会同相关部门，稳步推进改革试点各项工作，并取得了阶段性成效。特别是 2017 年，国家发展和改革委员会会同相关部门研究制定并报请中共中央办公厅、国务院办公厅印发《建立国家公园体制总体方案》（以下简称《总体方案》），从成立国家公园管理机构、提出国家公园设立标准、编制全国国家公园总体发展规划、制定自然保护地体系分类标准、研究国家公园事权划分办法、制定国家公园法等方面提出了下一步国家公园体制改革的制度框架。

回顾过去 4 年多的改革历程，我国国家公园体制建设具有以下几个特点。

一是对现有自然保护地体制的改革。建立国家公园体制是对现有自然保护地体制的优化，不是推倒重来，也不是另起炉灶，更不是对中华人民共和国成立以来我国自然生态系统和自然文化遗产保护成就的否定，而是根据新的形势需要，对保护管理的体制机制进行探索创新，对自然保护地体系的分类设置进行改革完善，探索一条符合中国国情的保护地发展道路，这是一项"先立后破"的改革，有利于保护事业的发展，更符合全体中国人民的公共利益。

二是坚持问题导向的改革。中华人民共和国成立以来，特别是改革开放以来，我国的自然生态系统和自然遗产保护事业快速发展，取得了显著成绩，建立了自然保护区、风景名胜区、自然文化遗产、森林公园、地质公园等多种类型保护地。但自然保护地主要按照资源要素类型设立，缺乏顶层设计，同一类保护地分属不同部门管理，同一个保护地多头管理、碎片化现象严重，社会公益属性和中央地方管理职责不够明确，土地及相关资源产权不清晰，保护管理效能低下，盲目建设和过度利用现象时有发生，违规采矿开矿、无序开发水电等屡禁不止，严重威胁我国生态安全。通过建立国家公园体制，推动我国自然保护地管理体制改革，加强重要自然生态系统原真性、完整性保护，实现国家所有、全民共享、世代传承的目标，十分必要也十分迫切。

三是基于自然资源资产所有权的改革。明确国家公园必须由国家批准设立并主导管理，并强调国家所有，这就要求国家公园以全民所有的土地为主体。在制定国家公园准入条件时，也特别强调确保全民所有的自然资源资产占主体地位，这才能保证下一步管理体制调整的可行性。原则上，国家公园由中央政府直接行使所有权，由省级政府代理行使的，待条件成熟时，也要逐步过渡到由中央政府直接行使。

四是落实国土空间开发保护制度的改革。党的十八届三中全会《中共中央关于全面深化改革若干重大问题的决定》中关于建立国家公园体制的完整表述是"坚定不移实施主体功能区制度，建立国土空间开发保护制度，严格按照主体功能区定位推动发展，建立国家公园体制"。建立国家公园体制并非在已有的自然保护地体系上叠床架屋，而是要以国家公园为主体、为代表、为龙头去推动保护地体系改革，从而建立完善的国土空间开发保护制度，推动主体功能区定位落地实施，使得禁止开发区域能够真正做到禁止大规模工业化、城镇化开发建设，还自然以宁静、和谐、美丽，为建设富强、民主、文明、和谐、美丽的现代化强国贡献力量。

2015 年以来，国家发展和改革委员会会同相关部门和地方在青海、吉林、黑龙江、四川、陕西、甘肃等地开展三江源、东北虎豹、大熊猫、祁连山等 10 个国家公园体制试点，在突出生态保护、统一规范管理、明晰资源权属、创新经营管理、促进社区发展等方面取得了一定经验。同时，我们也要看到，建立统一、规范、高效的中国特色国家公园体制绝不是敲锣打鼓就可以实现的，不可能一蹴而就，必须通过不断深化研究、总结试点经验来逐步优化完善，在统一规范管理、建立财政保障、明确产权归属、完善法律制度等管理体制上取得实质性突破，在标准规范、规划管理、特许经营、社区发展、人才保障、公众参与、监督管理、交流合作等运行机制上进行大胆创新，把中国国家公园体制的"四梁八柱"建立起来，补齐制度"短板"。

为此，国家发展和改革委员会会同保尔森基金会和河仁慈善基金会组织清华大学、北京大学、中国人民大学、武汉大学等著名高校以及中国科学院、中国国土资源经济研究院等科研院所的一批知名专家，针对国家公园治理体系、国家公园立法、国家公园自然资源管理体制、国家公园规划、国家公园空间布局、国家公园生态系统和自然文化遗产保护、国家公园事权划分和资金机制、国家公园特许经营以及自然保护管理体制改革方向和路径等课题开展了认真研究。在担任建立国家公园体制试点专家组组长的时候，我认识了其中很多的学者，他们在国家公园相关领域渊博的学识，特别是对自然生态保护的热爱以及对我国生态文明建设的责任感，让我十分钦佩和感动。

此次组织出版的系列丛书也正是上述课题研究的重要成果。这些研究成果，为我们制定总体方案、推进国家公园体制改革提供了重要支撑。当然，这些研究成果的作用还远未充分发挥，有待进一步实现政策转化。

我衷心祝愿在上述成果的支撑和引导下，我国国家公园体制改革将会拥有更加美好的未来，也衷心希望我们所有人秉持对自然和历史的敬畏，合力推进国家公园体制建设，保护和利用好大自然留给我们的宝贵遗产，并完好无损地留给我们的子孙后代！

朱之鑫

原中央财经领导小组办公室主任

国家发展和改革委员会原副主任

序　言

　　经过近半个世纪的快速发展，中国一跃成为全球第二大经济体。但是，这一举世瞩目的成就也付出了高昂的资源和环境代价：野生动植物栖息地破碎化、生物多样性锐减、生态系统服务和功能退化、环境污染严重。经济发展的资源环境约束不断趋紧，制约着中国经济社会的可持续发展。如何有效地保护好中国最具代表性和最重要的生态系统与生物多样性，为中华民族的子孙后代留下这些宝贵的自然遗产成为亟须应对的严峻挑战。引入国际上广为接受并证明行之有效的国家公园理念，改革整合约占中国国土面积20%的各类自然保护地，在统一、规范和高效的原则指导下构建以国家公园为主体的自然保护地体系是中共十八届三中全会提出的应对这一挑战的重要决定。

　　国家公园是人类社会保护珍贵的自然和文化遗产的智慧方式之一。自 1872 年全球第一个国家公园在壮美蛮荒的美国黄石地区建立以来，在面临平衡资源保护与可持续利用的百般考验和千般淬炼中，国家公园脱颖而出，成为全球最具知名度、影响力和吸引力的自然保护地模式。据不完全统计，五大洲现有国家公园 10000 多处，构成了全球自然保护地体系最具生命力的一道亮丽风景线，是地球母亲亿万年的杰作——丰富的生物多样性和生态系统以及壮美的地质和天文景观——的庇护所和展示窗口。

　　因为较好地平衡了保护和利用的关系，国家公园巧妙地实现了自然和文化遗产的代际传承。经过一个多世纪的洗礼，国家公园的理念不断演变，内涵日渐丰富，从早期专注自然生态保护到后期兼顾自然与文化遗产保护，到现在演变成兼具资源保护和为人类提供体验自然和陶冶身心等多重功能。同时，国家公园还成为激发爱国热情、培养民族自豪感的最佳场所。国家公园理念在各国的资源保护与管理实践中得以不断扩展、凝练和升华。

　　中国国家公园体制建设既需要与国际接轨，又应符合中国国情。2015 年，在国家公园体制建设工作启动伊始，保尔森基金会与国家发展和改革委员会就国家公园体制建设签订了合作框架协议，旨在通过中美双方合作开展各类研究与交流活动，科学、有序、高效地推进中国的国家公园体制建设，提升和完善中国的自然保护地体系，实现自然生态系统和文化遗产的有效保护和合理利用。在过去约3年的时间里，在河仁慈善基金会的慷慨资助下，双方共同委托国内外知名专家和研究团队，就中国国家公园体制建设顶层设计涉及的十几个重要领域开展了系统、深入的研究，包括国际案例、建设指南、空间规划、治理体系、立法、规划编制、自然资源管理体制、财政事权划分与资金机制、特许经营机制、自然保护管理体制改革方向和路径研究等，为中国国家公园体制建设奠定了良好的基础。

来自美国环球公园协会、国务院发展研究中心、清华大学、北京大学、同济大学、中国科学院生态环境研究中心、西南大学等14家研究机构和单位的百余名学者和研究人员完成了16个研究项目。现将这些研究报告集结成书，以飨众多关心和关注中国国家公园体制建设的读者，并希望对中国国家公园体制建设的各级决策者、基层实践者和其他参与者有所帮助。

作为世界上最大的两个经济体，中美两国共同肩负着保护人类家园——地球的神圣使命。美国在过去140年里积累的经验和教训可以为中国国家公园体制建设提供借鉴。我们衷心希望中美在国家公园建设和管理方面的交流与合作有助于增进两国政府间的互信和人民之间的友谊。

借此机会，我们对所有合作伙伴和参与研究项目的专家们致以诚挚的感谢！特别要感谢国家发展和改革委员会原副主任朱之鑫先生和保尔森基金会主席保尔森先生对合作项目的大力支持和指导，感谢河仁慈善基金会曹德旺先生的慷慨资助和曹德淦理事长对项目的悉心指导。我们期待着继续携手中美合作伙伴为中国的国家公园体制建设添砖加瓦，使国家公园成为展示美丽中国的最佳窗口。

彭福伟　　　　　　　　　　牛红卫
国家发展和改革委员会　　　保尔森基金会
社会发展司副司长　　　　　环保总监

作者序

　　这本书很特别，我很珍惜。这个时代赋予了她外在的特质，规定了她内在的逻辑。我和我的学生们由衷感激这个时代，给了我们机会、给了我们能量。

　　这是一个改革开放的时代，苏醒过来的东方民族拥有无与伦比的自信，敢于拥抱人类一切的文明成就。这是一个科学技术日新月异的时代，信息技术、自动控制技术、能源技术改变着我们的生活，重新定义着人与自然的关系。这是一个重构人类文明表述的时代，东方大国毅然走上了生态文明建设之路，摆脱工业革命以来经济发展与资源环境改善相互冲突的困境。中国选择国家公园作为生态文明体系探索突破的重点方向，其协调牵头单位国家发展和改革委员会，引入了河仁慈善基金会和保尔森基金会，就国家公园体制重大问题和配套政策研究开展合作。我们有幸成为受惠者之一，组织实施国家公园治理体系研究的课题，这本书就是该课题的成果。这个过程反映了这个时代特征，也赋予了这本书的特质——改革、开放、勇于探索、勇于创新、敢于变革，聚焦在国家公园治理体系的建设上，着力构建新型人与自然的关系。

　　本书旨在按照生态文明领域治理体系和治理能力现代化建设的总体目标，解决我国国家公园治理体系缺乏顶层设计的问题，协调中央、地方、企业、非政府组织、社区和个人等多方利益关系，综合行政管理、政策制度、资金保障、社区发展和公众参与等各个方面，按国家公园物品的不同属性，即纯公共产品（如生态系统和自然文化遗产的保护、科学研究等）、准公共产品（如环境教育、一般性游憩体验等）和私人产品（如个性化游憩体验等）三个层次，提出实现自然资源严格保护和永续利用的国家公园治理体系。课题组感谢国家发展和改革委员会社会发展司的信任，感谢保尔森基金会专业的态度和职业的精神，给予我们充分的空间坚持学术自由，从治理理论和手段逻辑出发，以案例为基础，为我国国家公园体制、机制提出建设性的建议。我们将有限的资金和人力资源重点投入到以下两方面：一是案例分析，着力于厘清现行试点国家公园不同机构责权利安排现状和不同试点公园现有的机制安排；二是机制设计，聚焦公园管理机制创建、创建过程的治理机制和国家公园运行的机制设计。

中国这个东方大国得益于她拥有五千多年的文明底蕴，敢于拥抱人类一切的文明成就，敢于尝试前无古人的探索，寻求东方大国的国强民富，走向民族复兴之路。在研究过程中，努力充分吸吮中国千年人与自然的文化底蕴，努力揭示中国现行基层实践的逻辑，努力摆脱现有理论和实践的束缚。我们深耕田野，针对我国在国家公园治理体系构建中存在的哲学、思想、理论和实践逻辑，提出关于国家公园治理体系构建的设想。坦诚地说，我们深知能力的不足和知识面的欠缺。

我们知道，有些建议只是大胆的设想，包括人与自然关系的、技术的、法律的、管理的。有些意见是颠覆性的，如迫使地方国有企业退出全民自然资源治理体系。感谢国家发展和改革委员会、生态环境部、国家林业和草原局、国土资源部、青海省发改委、北京市发改委、云南省林业厅、福建省林业厅，以及普达措、武夷山、长城、钱江源、三江源等国家公园试点单位领导和专业人士对本课题的大力支持。特别要感谢国家发展和改革委员会社会发展司彭福伟副司长、中国科学院王毅研究员、国务院发展研究中心苏杨研究员等一批志同道合的同事付出的心血和智慧，让我们充满能量和明确前进的方向，为中国国家公园建设贡献一点力量。中国人民大学国家发展与战略研究院是以习近平总书记提出的治国理政思想为指导，以"四个全面"战略为研究框架，在机制和体制创新的基础上，整合中国人民大学智库研究的优质资源而打造的国家级智库，在"中国大学智库机构百强排行榜"中荣登榜首，并致力于发展成为具有国际影响力的中国特色新型智库，是本项目的承担单位。感谢中国人民大学国家发展与战略研究院为本课题提供了优良的后勤支持。

书中出现的错误和问题，一概由我承担。

中国人民大学国家发展与战略研究院　刘金龙教授

2018 年 8 月 8 日

目　录

第1章 背 景

　　2015年，国家发展和改革委员会等13个部门联合印发了《建立国家公园体制试点方案》，提出在北京、福建、云南等9个省（自治区、直辖市）开展为期3年的国家公园体制建设试点工作。截至目前，已有青海三江源和祁连山试点方案获得中央全面深化改革领导小组的批准，湖北神农架、福建武夷山、北京长城、浙江钱江源、云南普达措、大熊猫和东北虎豹等多个试点区的实施方案获得国家发展和改革委员会批复，国家公园体制建设探索正式启航。但正如试点公园改革的亲历者所言："国家公园体系建设缺乏顶层设计，许多深层次矛盾仍待解决。"这句话不仅反映了基层主观上"等资金、等政策"的心态，面对触动利益的调整畏手畏脚，无力冲破层层藩篱的局面；也反映了基层无奈无力的客观现实，没有政治上的强力支持和上级相关部门主动的调整，基层无心或者无力解决问题；更重要的是，试点的国家公园到底存在什么问题？建设后，谁来管理？管理什么？如何管理？权责如何协调？如何监督？这些问题关乎国家公园体制试点的落地成功。

　　单从问题来看，这似乎是"政府"一家的事，我国绝大多数学者也将政府作为解决问题的唯一主体，期待政府有所作为。我们认为，尽管国家公园管理与国家公园治理只有一字之差，但内容却完全不一样。治理就需要将市场、社会、社区置于与政府同等重要的位置，寻求政府机制与市场、社区和社会机制最恰当的组合，实现国家公园的具体管理目标。我国国家公园治理体系建设政策不能是简单拼接、杂糅各方观点而成，而应形成逻辑自洽的理论体系、方法论体系，并在学术辩论和实践探索的过程中逐步完善理论体系和方法论体系，以指导我国国家公园的建设。同时，应从国家公园试点实践探索中寻求理论和方法的盲点或误区，从中探索具有中国特色的国家公园治理理论和方法论体系的建设。若将政府作为自然保护治理改革唯一的公共服务供给方，恐会束缚我们的思考能力，建议的价值难免具有局限性。因此，本书将研究的触角延伸到治理理论和治理实现方式的社区、社会和市场多层面的机制与手段的全面整理上，为生物多样性保护或保护地治理提供了高效治理的可能选择。

国家公园建设作为自然资源治理体系顶层设计十分重要的组成部分，是解决我国当下自然资源治理体系破碎化、资源退化和生态产品供给不足的基础性和先导性工作之一。国家公园治理体系作为中国全面深化改革，推动我国治理体系和治理能力现代化建设的一个重要方面，必须服务并服从于整个改革和治理体系建设的大局。为科学、有序、高效地推进中国国家公园体制建设，本书旨在按照生态文明领域治理体系和治理能力现代化建设的总体目标，提出构建高效的中国国家公园治理体系，实现自然资源的严格保护和永续利用的治理框架、运行机制、保障措施和政策建议。

基于上述目标，本书的研究内容聚焦以下三个问题：（1）国家公园治理体系顶层设计的基础性问题，包括发展现状、国际经验、功能与性质定位等，力求勾勒"传承历史、基于现实、借鉴外来、谋划未来"的国家公园治理体系的基本框架；（2）国家公园治理机制的问题，即如何构建跨部门协调和超越政府的整合机制，调和多方利益、促进多相关利益群体参与；（3）国家公园公共物品、准公共物品和私人物品治理问题，即国家公园物品的权属安排和产权性质如何影响国家公园治理的制度形成与工具选择。需要指出的是，不存在某种一成不变的制度体系能够适用于不同地区和问题。有效的国家公园治理体系必须传承历史并镶嵌于具体的生态、政治、经济和文化发展背景之中，并随着世界观、价值观、知识体系、认知、政策与实践的变化而变化，但研究可挖掘出一系列国家公园治理的基本运行规律和通行准则，形成我国现代国家公园治理体系的基本框架。

1.1　基本概念及其内涵简要

1.1.1　自然资源治理

1. 国家公园自然资源的特性

工业革命以来，人类科学技术取得了巨大的成就，经济不断发展，社会日趋繁荣。与此同时，地球上60%的自然生态系统因人为因素影响而改变，有些改变甚至是不可逆的。森林、草场、湿地、生物多样性等自然资源退化和减少，由此引发传统文化流失、生物多样性丧失、社会失序、贫困化加剧等问题。在全球气候变化条件下，这些变化已经开始直接威胁人类社会的可持续发展。近 40 年来，国际社会和各国政府高度重视自然资源减少和退化问题，公共资源治理研究成为国际学术界的焦点领域，缓解气候变化、维护生物多样性、保护湿地、防治荒漠化是国际环境政治和各国政策的重点工作方向。

我国一直在探索公共资源治理之道。改革开放以来，政府倡导将市场机制引入自然资源管理领域，推动森林、矿产品的产权明晰与交易，完善相关的法律法规和政策措施，以期充分实现市场在资源配置中的决定性作用。政府在保护产权、推动依法治国、强化行政管理、提升行政能力等方面进行了全面的改革，取得了巨大的成就。然而，自然资源管理市场化改革也衍生出了许多问题。有些学者简单归结于政府管理的失效，导致我国资源与发展的矛盾越来越尖锐。政府应当在自然资源管理问题上承担更多的责任，概因中国政府是可以有所作为的，能够有所作为的，于情似乎是合理的。然而，认真思考学术逻辑，中国政府本希望退出，至少是减少行政手段在自然资源管理中的份额和重要性，试图把治理的部分责任让渡给市场。而这一观点是绝大多数国内外学者和精英官僚一致的看法。从新自由主义理论上探究，中国自然资源管理失灵问题应当归咎于市场机制，即市场上野蛮人唱了主角才是问题的理论归因。或者委婉一点，中国市场不成熟，尚没有形成负责任的规则来维护环境利益。中国政府这个"守夜人"尚缺乏经验，识别和惩戒野蛮人缺乏好的手段。

我国试点国家公园里的自然资源大多为国有，周边社区一般拥有传统的进入权。一部分土地属于集体所有，附着于集体土地上的自然资源所有权多通过承包、租赁和拍卖等多种方式转移到家庭或私有企业。过去的 20 年，地方政府实施了多种法律法规手段，采用经济补偿、委托给国有企业管理、组建农民合作组织等多种形式全部或部分收回了自然资源的经营权、收益权和处置权。因此，总体上讲，国家公园内的自然资源基本特性就是公共池塘资源。综观国内政界和学界在国家公园建设中的辩论，把自然生态和人文资源管理出现问题的根源统统丢给了政府——九龙治水、执法不严、监管不力、地方政府唯 GDP 论。这种倾向极有可能阻碍我国自然生态和人文资源管理在学术上和政策上的辩论走向更加全面和更加深入。我们认为，中国自然生态和人文资源管理出现的问题，表现为管理问题，实质是治理问题。实现"国家所有、全民共享、世代传承"，这就规定了国家公园为公共池塘资源属性，应纳入公共事务治理的范畴中。

2. 治理的概念

全球治理委员会 1995 年将"治理"定义为：或公或私的个人和机构经营管理相同

事务的诸多方式的总和。从中可以理解，治理是一个持续的过程，使相互冲突或不同的利益诉求得以调和，进而相关利益方采取联合的行动。它需要服从正式制度的规定，同时非正式制度在其中发挥了非常重要的作用。治理有四个特征（俞可平，2000）：治理不是一套规则条例，也不是一种活动，而是一个过程；治理的建立不以支配为基础，而以协调为基础；治理不只是讨论政府的管理，同时也涉及政府、市场和社区等不同社会组分；治理不意味着就是一种正式制度，而非正式制度及不同相关利益方持续互动过程中形成的规则也是治理的重要内容。治理不能依赖政府的权威和制裁，它所要创造的结构和秩序不能从外部强加而需依靠不同行动者的互动（格里，1999）。

与统治、管制不同，治理是一种指向共同目标的管理行动，行动的主体不见得必须是政府，也不一定非得依靠国家的强制力量来实现。治理是政治国家与公民社会的合作、政府与非政府组织的合作、公共机构与私人机构的合作、强制与自愿的合作。权力运行的向度也发生变化。管制的权力运行是自上而下的，它运用地方政府的政治权威，通过发号施令、制定和实施政策，对公共事务实行单一向度的管理。治理则是一个上下互动的过程，政府、非政府组织以及各种私人机构主要通过合作、协商、伙伴关系，通过共同目标处理公共事务，所以其权力向度是多元的，并非纯粹的自上而下（陈广胜，2007）。

从治理出发，政府在治理中的作用主要体现在：（1）制度供给。政府通过制度，决定着社会力量能否进入、怎样进入公共事务治理领域，对其他治理主体进行必要的资格审查和行为规范。（2）政策激励。需要在行政、经济等方面采取相应的鼓励和引导措施，推动其他主体进入公共事务治理领域。（3）外部约束。公共事务治理也需要"裁判员"，政府应依据法律和规章制度，对其他治理主体的行为进行监督、仲裁甚至惩罚（陈广胜，2007）。

我国政界尚不习惯把政府、市场、社区和社会主体置于平等的位置探索如何形成协调的关系，导向自然资源的可持续管理。习近平总书记在党的十九大报告中指出要建立"打造共建共治共享的社会治理格局"。这表明中国共产党在治理理论和实践方面经过长期不懈的探索，对社会治理内涵的认识越来越明晰、把握越来越准确、运用越来越科学。坚持党领导下的多方参与、共同治理，发挥政府、市场、社会等多元主体在社会治理中的协同协作、互动互补、相辅相成作用，形成推动社会和谐发展、保障社会安定有序的合力。这为中国社会事务治理明确了改革努力的方向。

3. 自然生态系统治理重视多行动者的互动

1980 年代以来，自然生态系统治理的理论和实践逐渐从管制向治理转变。政府的去管制化和市场、社区、民间组织等非政府主体的兴起推动了治理话语在自然生态系统领域的广泛使用。传统的自然生态系统治理主要指政府依靠其权威和强制性，采用命令、控制手段自上而下地管理自然生态系统。现代治理包含了更为多元的组织、制度、行动者，强调政府、私人、社会组织的多元共同协作，相互交流信息、知识、资金等资源，来实现其对参与主体和治理客体的有效影响（Rhodes，1996）。Lemos 等认为，环境治理是各行动者通过改变激励、知识、制度、决策、行为影响环境资源的各种效果。Giessen等认为，自然生态系统治理机制由三部分组成：（1）各种正式和非正式、公共和私人的组织和制度，包括自然资源利用和保护的规则、规范、原则、决策程序等；（2）公共和私人行动者的互动；（3）行动者、制度规则互动的影响。显然，在治理的框架和话语下，政府不再是自然生态系统治理的唯一主体和机制，各种市场、社区、混合多元的治理主体和治理手段的兴起推动了自然生态系统治理的发展。

4. 我国与国家公园治理相关的主要行动者

改革开放以来，我国自然资源管理同样经历了从管制向治理的转变。政府、社区、市场的作用和关系不断地进行调整和改革，但自然生态系统国家治理体系的研究十分薄弱。绝大多数研究从政府的角色和职责出发，构建我国自然资源管理行政管理体制。对从管制向治理转变中非政府行动者在自然生态系统治理中的作用没有给予应有的重视。鉴于国家公园作为自然生态系统的重要组成部分，本书将从自然生态系统治理的概念中寻求对国家公园治理概念的理解（图 1-1），以自然生态系统保护和利用作为切入点，分析政府—社区（家庭）—市场—社会主体四个核心行动者的策略和行动，在其相互冲突和相互妥协中分析不同行动者之间相互关系的变化，诠释治理结构的变迁。

依照不同的研究层面，本书主要关注国家公园治理体系所涉及 6 种类型的行动者、资源利用方式及其彼此间的影响。在中央和地方层面，本书主要研究中央政府、地方政府和社会组织 3 种类型行动者；在基层层面，主要研究政府各部门及国家公园管理部门、企业和社区 3 种类型行动者。不同行动者对自然资源利用或保护的目的和方式不同。社区居民依赖自然资源从事生产、精神和文化活动；旅游公司主要依赖资源从事商业性开发或可持续性的商业管理；地方政府直接负责环境监管与经济开发；中央政府更多是提

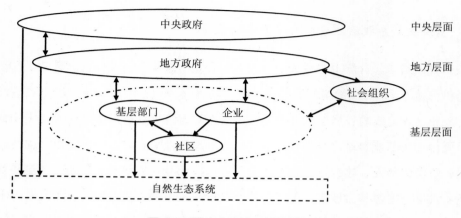

图 1-1　国家公园治理的分析框架

供发展的价值导向和环境督查；社会公益性团体的自然教育和公益服务；社会研究教学机构主要从事科研和教育活动；地方政府各部门和国家公园管理机构主要是依法依规开展自然资源和市场活动的监管。

不同利益相关者有着千丝万缕的联系，而彼此间相互影响自然资源的利用和保护。各资源利用主体间既存在同一层面内的联系，也存在跨层面的联系。本书主要关注的主体间关系包括：（1）中央政府和地方政府的行政管理；（2）地方政府和基层单位的地方治理；（3）政府与非政府组织的合作；（4）政府与企业之间的合作和监督；（5）政府、企业、非政府组织对社区的影响和后者的反馈。

1.1.2　自然保护地与国家公园

2017年9月，中共中央办公厅和国务院办公厅印发了《建立国家公园体制总体方案》。这个方案展示了我国政界和学界对国家公园的基本认知，统一了学界和政界关于国家公园建设的战略、理念、原则、内涵和体制改革的具体措施等方面存在的分歧。国家公园是指由国家批准设立并主导管理，边界清晰，以保护具有国家代表性的大面积自然生态系统为主要目的，实现自然资源科学保护和合理利用的特定陆地或海洋区域。作为我国生态文明制度建设的重要内容，建立国家公园实现国家所有、全民共享和世代传承，保护生态系统的原真性、完整性，兼具科研、教育、游憩等服务功能，形成自然生态系统保护的新体制新模式，促进生态环境治理体系和治理能力现代化，保障国家生态安全，实现人与自然和谐共生。

1. 影响我国国家公园治理体系建设的思潮

我国已经进入了一个多元思想、多元价值并存且变化迅速的时期。表1-1列举了我国自然资源管理思潮背后的思想价值流派，分析了不同思想价值流派的具体表现。当下参与到我国国家公园建设政策辩论的专家、学者和管理人员越来越多。他们中的绝大多数背后的思想价值观是基于环境保护主义、自由主义、理想主义的。这集中体现在政府的作用、市场的作用、旅游还是游憩的辩论以及关于社区的辩论几个方面。这些辩论背后的主导思想价值实质上会影响如何将我国国家公园内涵的规范落实到国家公园的具体建设中，体现在国家公园管理的技术体系、标准体系、制度安排和机制设计上。

表 1-1 我国自然资源管理主要思想价值流派

	思想价值流派	主要观点或立场
对自然的认知（哲学逻辑）	环境主义、保护主义	对自然生态系统或荒野的偏好，期待中央政府的强力介入
	自由主义	偏好市场化机制，并尽可能限制政府介入的权力
	理想主义	推陈出新，建设一个青山绿水的美好祖国
	现实主义	支持资源的可持续管理中相关利益者的介入，寻求渐进的改革进程，寻求改革的共识
	人文主义	关注当地传统文化、当地社区的权力安排，强调当地社区文化多样性和生物多样性相互依存的社会生态系统

我国生态文明建设大潮在一定程度上将发展理念从"以经济建设为中心"转型到"创新、协调、绿色、开放、共享"的发展理念上。在国家公园建设探索上，学界和政界都需要拥有宽广的胸怀，容纳各种思潮参与辩论。我们认为，在我国对国家公园建设有影响力的群体中，"环境至上"和"新自由主义"理念主导的学者和官员占据较大的比重。而这两种理念本身是相互冲突的，对政府、市场、公民社会、社区等在环境管理中的作用认知差距颇大。

本书是基于现实主义和人文主义的立场来撰写的，主要考虑到这可丰富我国关于国家公园治理体系构建的理论光谱，拓宽国家公园建设的认知视野和维度，在国家公园治理体系构建中起到平衡不同理念的作用。本书所体现的现实主义，不只是反映在对国家公园治理体系的设计上，包括如何推动各方利益主体介入国家公园内涵的讨论以达成最大共识上。更重要的是，本书认为国家公园是自然保护地体系的一个组成部分，国家公园的建设是作为我国寻求解决我国生态多样性保护、自然和文化遗产保护问题的突破口，而不是彻底推翻并重建我国保护地体系。中国国家公园的建设应当充分肯定我国半个世纪以来在生物多样性保护、自然和文化遗产保护和开发方面的成就，需要在尊重历史、理解现实的基础上，继承和发扬国内外经验，勾画国家公园蓝图。

2. 国家公园治理的复杂性和整体性

我国国家公园建立，在国家战略层次，希望寻求破解资源环境过度开发和使用的生态文明建设之道，遏制资源退化和环境污染，推进我国经济社会可持续发展，促进生态环境治理体系和治理能力现代化。从国家战术层面，有效解决交叉重叠、多头管理的碎片化问题，有效保护国家重要自然生态系统的原真性、完整性，形成自然生态系统保护的新体制新模式，加强中央对生态保护和自然资源资产的管理权力，实现"国家所有、全民共享、世代传承"。

需要将国家公园试点放在优化我国自然保护地体系整体框架中来进行。需要对分头设置自然保护区、风景名胜区、文化自然遗产、地质公园、森林公园等现有体制进行梳理，评估现行自然保护地保护管理效能，研究如何打破基于部门或资源类型而设置自然保护地体系的旧制，并构建新的保护地分类标准，在推动国家公园试点的同时，逐步完善我国自然保护地体系。在国家公园试点过程中，需妥善处理好下列"九对关系"和"三组关系"。九对关系包括：一与多（国家公园与自然保护地体系），存与用（保护与利用），前与后（代际），上与下（中央和地方政府），左与右（不同职能部门之间），内与外（保护地内外），新与旧（新旧保护地体系），公与众（公管部门与其他部门），好与快（质量与速度）。三组关系包括：第一组为立法机构、行政机构和民间团体之间的关系；第二组为管理者与经营者之间的关系；第三组为国家公园管理机构与民间保护团体之间的关系。

3. 我国保护地类型

表 1-2 展示了我国现行各类法定保护地的主要类型（朱春全，2014），主要包括自然保护区、地质公园、森林公园、湿地公园、风景名胜区、自然遗产地、水利风景区。为了保护种质资源，农业、水利和海洋部门还建有与遗传资源保护相关的各类保护（小）区。一般来说，城市会将水源地纳入保护范围，生态脆弱地区会将大面积的自然生态系统置于限制开发甚至禁止开发的状态。在长期的生产实践中，社区已经形成了一定的社区保护地的生产方式和组织方案，如遍布全国的风水林、云南少数民族地区的社区水源

林、神树圣境。在江西婺源，早被联合国环境规划署给予高度评价的自然保护小区，实际上就是一小块社区保护地。总之，中央和各级地方政府根据国际保护经验和国际条约，国家和地方相关法律法规设立了各种类型的保护地，最重要的是，作为原住民大国，我国各地人民在长期与自然打交道的过程中，还形成了形式各样的社区自然保护地类型，并置于宗教、信仰、规则管制之下。

表 1-2 中国主要保护地分类

类型	定义	管理部门	管理层级	主要功能
自然保护区	对有代表性的自然生态系统,珍稀濒危野生动植物种的天然林集中分布,有特殊意义的自然遗迹等保护对象所在的陆地、陆地水体或者海域,依法划出一定面积予以特殊保护和管理的区域	环保、林业、水利、农业、海洋、国土等	国家—省—市—县四级	自然资源保护
森林公园	以森林资源为依托,生态良好,拥有全国性(区域性)意义或特殊保护价值的自然和人文资源,具备一定规模和旅游发展条件,由林业主管部门批准的自然区域	林业	国家—省—市三级	保护自然生态系统风景资源和生物多样性、科普宣传、生态旅游
地质公园	地质遗迹景观和生态资源重点保护区,地质科学研究与普及基地;具有生态、历史和文化价值;提供观光游览、度假休息、保健疗养、科学教育、文化娱乐的场所	国土	国家—省—市三级	资源保护、科学研究、游览
湿地公园	以保护湿地生态系统、合理利用湿地资源为目的,可供开展湿地保护、恢复、宣传、教育、科研、监测、生态旅游等活动的特定区域	林业	国家—省二级	资源保护、科普宣传、合理利用
风景名胜区	风景资源集中、环境优美,具有一定规模和游览条件,可供人们游览欣赏、游憩娱乐或进行科学文化活动的地域	住建	国家—省—市三级	风景资源保护、游览
世界遗产地	被联合国教科文组织和世界遗产委员会确认的人类罕见的、目前无法替代的财富,是全人类公认的具有突出意义和普遍价值的文物古迹及自然景观	文物、住建	单级	世界级遗产资源的保护、保存和展出
水利风景区	以水域(水体)或水利工程为依托,具有一定规模和质量的风景资源与环境条件,可以开展观光、娱乐、休闲或科学、文化、教育活动的区域	水利	国家—省二级	风景资源保护、游览

IUCN 保护地分类体系（表 1-3）是国际上普遍接受的分类规则（殷培红和夏冰，2015）。在 IUCN 保护地分类体系中，国家公园所对应的类型为第Ⅱ类，次于严格的自然保护区（第Ⅰa类）和原（荒）野保护区（第Ⅰb类）。我国部分地方政府甚至一些企业一度热衷于"国家公园"称号，或多或少与之相关，即可以探索自然保护和可持续利

用的协调，促进地方经济发展和人民生活水平的改善。加之，在中国普通民众的理解中，公园就是休息娱乐的场所。因而在现有"国家公园"中，难以拒绝市场野蛮人，市场开发不规范成为常态。

表 1-3　IUCN 保护地管理分类体系

类型	名称	描述
第Ⅰa类	严格的自然保护区	是指受到严格保护的区域，目的为保护生物多样性，也可能涵盖地质和地貌保护。此类区域中，人类活动、资源利用受到严格控制，以确保其保护价值不受影响。这些保护区在科学研究和监测中发挥着不可或缺的参考价值
第Ⅰb类	原野保护区	通常是指大部分保留原地貌，或仅有微小变动的区域，保存了原有自然特征，没有永久性的或者明显的人类居住痕迹，对其保护和管理是为了保持其自然原貌
第Ⅱ类	国家公园	是指大面积的自然或近自然的区域，设立的目的是保护大规模（大尺度）的生态过程，以及相关的物种和生态系统特征，并提供环境和文化兼容的精神享受、科研、教育、娱乐和参观的机会
第Ⅲ类	自然历史遗迹或地貌	是指为保护某一特别自然历史遗迹所特设的区域，可以是地形地貌、海山、海底洞穴，也可以是洞穴甚至是古老的小树林这类依然存活的地质地形。其面积往往较小，但通常具有较高的观赏价值
第Ⅳ类	栖息地/物种管理区	主要用来保护某些物种或栖息地，管理工作中也需体现这种优先性。这类保护地需要经常性的、积极的干预，以满足保护或维持某种物种或栖息地的需要，但这并非该类保护地成立的必要条件
第Ⅴ类	陆地景观/海洋景观保护区	是指人类和自然长期相处所产生的特点鲜明的区域，具有重要的生物、文化和游憩价值
第Ⅵ类	自然资源可持续利用保护区	是指为了保护生态系统和栖息地、文化价值和传统自然资源管理系统而划建的区域。这类保护地通常面积庞大，大部分地区处于自然状态，其中小部分区域可处于自然资源可持续管理利用之中。该类保护地的主要目标是保证与自然保护相兼容的低强度、非工业化的自然资源利用

我国国家公园试点必须充分吸取过去不同探路者的教训，即保护不力、资源开发过度，地方政府热衷于"门票经济"，难以保持生态系统的原生性，难以实现全民公益性。在国家公园试点过程中，中央一直强调国家公园要落实严格保护，采取最严格的保护措施。我国多数国家公园试点是在原有自然保护区的基础上建立起来的，如云南普达措国家公园的大部分面积归属于碧塔海省级自然保护区，福建武夷山国家公园也有过半的土地处在武夷山国家级自然保护区的范围内。长期以来，我国各类保护地没有采取严格的生物多样性和自然生态系统保护措施，保护区内甚至保护区核心区内都存在大量的人为活动，包括开矿、放牧、采薪等，威胁到生物多样性的安全。2017 年春，祁连山国家级

自然保护区内暴露出的问题恰恰证明了这一事实。祁连山事件后，2017 年秋冬，各地都经历了严厉的环保督察，我国自然保护区的严格保护才得到一定程度的落实。因此，中央政府一再强调采取最严格的保护，我国国家公园保护级别应当遵循 IUCN 保护分类体系，我国国家公园的保护级别并不一定要比自然保护区更高。我国保护地分类体系要尽可能参照 IUCN 的分类体系，并基于此构建我国的自然保护地体系。一个现实的做法是以治理目标为导向，不拘泥于国家公园及保护地 IUCN 分类体系，大胆尝试多种治理手段探索不同保护等级的"自然保护地类型"，以"更严格的保护"为目标，集中力量求索于科学、有序、高效的治理方式。

国家公园要与风景名胜区划清界限。国家公园应是以最严格保护为前提，包括提供科研、教育、游憩等功能的保护地。虽然可以在国家公园内部修建必要且必需的公共设施，但却不得破坏自然生态系统。国家公园应当是追求"更严格的保护"目标的自然保护地，这与风景名胜区的性质截然不同。

1.1.3　主动保护与被动保护

考察自然保护是主动还是被动，是从当地社区及人民出发的，主要看当地社区和人民是积极主动还是诱导、甚至胁迫参与到保护中来的。我国现有自然保护区面积占国土面积的 14.88%，而在这 1800 个保护区内生活着至少 1800 万的社区原住民。这是我国保护地管理与许多发达国家迥然不同之处。在没有成立保护区之前，这些原居民是唯一的保护者。正是因为他们的努力，这些璀璨明珠才得以保护，并被融入当地制度与文化中。全球化、市场化、自由化在很大程度上解体了当地社区封闭的经济系统和社会管理系统，当地人口增加，人类消费行为的改变对自然生态系统和文化遗产产生了巨大的冲击。原住民到底是保护者还是破坏者，曾经是自然保护学界和政界争论的焦点问题。然而，2015 年以后，IUCN 达成了共识，社区是保护者，必须基于此来考虑自然生态系统保护。我国如此庞大的原住民群体，是从事我国保护地体系建设、包括国家公园建设的管理和研究工作者不能忽视的。在保护地体系建设过程中，必须给予社区更重要的定位。同时，如何权衡自然保护和社区发展，将是我国自然保护地治理体系中重要的问题点。

但是社区主动参与的保护模式尚未被政界、学界关注。在抢救式的保护中，被动保护一直是主要的保护方式。过去 50 年，在被动保护主导模式下，我国自然保护事业取得了令人瞩目的成绩，但也要认识到这种将社区和自然资源尽可能地隔离的方式，使得政府为保障当地社区的发展权需支付越来越高昂的治理成本。我国农业文明时期的很多生产生活方式，可以看成是人与自然和谐的生态系统，而将人与自然生态系统隔离的方式实际上破坏了原有的人与自然和谐相处的生产生活方式。这不是说我们必须保留所有的与农业文明相伴的生产生活方式。我国在富强美丽中国建设中，需要适度的现代化和城市化。这需要对我国传统的生产生活方式、天人合一等与自然协调观进行必要的扬弃，继承其精华，涤荡其糟粕。社区作为传统生产方式和文化传承者，应当成为保护的主体，或称社区为基础的保护模式。社区为基础的保护模式有助于以较低的治理成本，实现生态系统的可持续管理、全民共享和世代传承的终极管理目标。

1.1.4　保护地体系与保护体系

在国家公园试点阶段，本书体会到学界、政界希望以国家公园建设为突破口，构建起完善的保护地体系，托起我国自然和文化遗产保护事业。国家公园建设不只是局限于完善我国自然和文化保护地体系这样一个微观目标。国家公园建设，在中观上应当服务于探索建立健全我国包括传统文化、法律、法规、机构保障、生活方式和消费行为等在内的自然与人文保护体系。在宏观上，国家公园应当作为生态文明体系建设的排头兵，把中央关于生态文明体系改革的要求落地，为我国生态文明体系建设发挥重要作用。

保护地管理体系体现了政界和学界对保护事业的认知，会更多体现"中央—地方—社区"纵向管理逻辑，而很少反映出以社区为桥梁的地方政府、公民社会和市场组织横向治理逻辑。前者偏向强调政令畅通，而后者必须尊重地方政府的能动性和当地社区、人民的主人翁地位。

作为原住民大国，我国有着悠久的自然资源开发史。如果以国家公园为代表的"新保护地体系"仅仅聚焦于划定的保护范围，那么在更为广大的城市和农村地区，探索人与自然和谐共处的道路将会变得更为艰辛。在人烟稀少的西部地区，严格保护尚有可行性。而在大多数的地区，尤其是黑河—腾冲线以东的人口稠密地区，将目光聚焦于若干零散保护地，采取严格保护的措施，其效果是有限的。我们更应该将国家公园改革作为自然资源治理的新模式，在中央目标激励下，给予地方更广阔的操作空间，在社区发展与自然保护之间摸索到平衡点。我们认为，国家公园试点不只是考虑"保护地体系"的完善，更重要的是重视地方政府能动性和社区主动参与。

保护体系的建设还可包含更丰富的内容。一个民族、一个社会对自然的态度，国家经济发展的战略和行动，人民的消费行为，是能否实现与自然和谐共处的关键所在。有了民族信仰、道德情操和科学技术的支持，保护事业还需要构建其法律、法规、政策、组织、文化等全方位的保障体系。只有这样，保护体系才算完整，生态文明建设的伟大事业才有可能实现。

1.2 研究方法

本研究最大限度地收集了各国国家公园治理相关的资料，分析和整理现有的关于国家公园治理的理论、实践、问题和历史发展轨迹。参与研究者以协调员的角色从不同角度以多种方式听取与国家公园管理相关部门和相关利益群体对国家公园治理体系构建的观点和实践经验，促进他们之间的辩论，推动共识的达成。结合自然资源管理、生物和文化多样性保护理论辨析，实事求是地提出了国家公园治理体系的政策建议，供决策部门参考。

研究中主要采用的方法有：

（1）二手资料分析：梳理国内外国家公园治理体系相关文献、案例省和国家公园相关的政策文件和经验总结等。

（2）开放式与半结构化访谈：2017 年 2 月、4 月、5 月分三次分别进入福建武夷山、北京长城、云南普达措国家公园试点进行调查研究。调研期间，通过参与式、半结构式调研、农户访谈、关键人员深度访谈、老人组访谈、年轻人访谈、参与式画图等方法，先后进入了武夷山桐木村、香格里拉洛茸村等关键社区，访谈了地方林业部门、国家公园管理部门和旅游公司等部门，就国家公园治理体系顶层设计、治理机制和治理手段和社区农民生计等内容进行调研，获得了大量一手数据。

（3）小型座谈会：在福建武夷山、云南普达措、北京长城各组织一次多部门参与的地区国家公园治理体系小型座谈会。课题组还就社区组织在国家公园中的作用、国家公园管理体制顶层设计等内容在北京组织了小型专题研讨。

（4）专家研讨会：中国人民大学国家发展与战略研究院和国家发展和改革委员会社会发展司在中国人民大学联合举办两次专家研讨会。第一次，在国内外自然资源治理文献资料和初步调研数据完成后，于 2017 年 4 月 1 日召开了国家公园治理体系务虚会；第二次，在走访完所有相关部门和有代表性的国家公园试点单位后，于 2017 年 7 月 8 日组织召开中国国家公园治理体系课题总结研讨会。

本书具体研究路线见图 1-2。

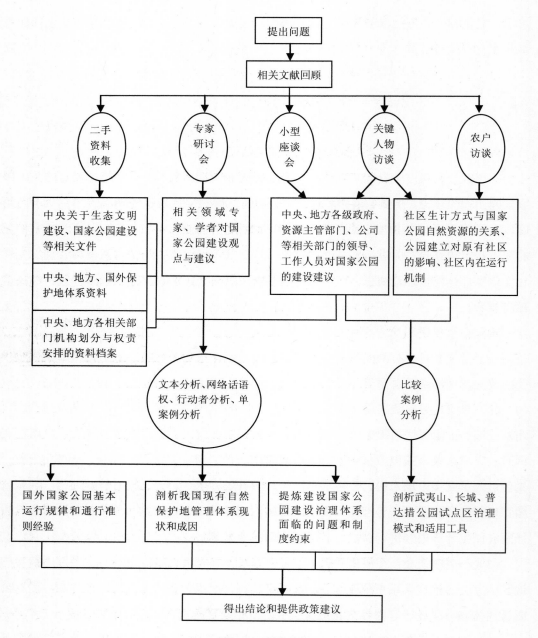

图 1-2　研究路线

第 2 章　自然生态系统治理理论及其进展

本书所指的自然资源治理理论仅限于基层治理理论部分，没有覆盖宏观治理理论，尤其是国家治理体系和治理能力现代化建设等内容。民主、问责、透明、参与、效率和公平等概念虽然对于构建宏观治理理论十分重要，但若囿于这些概念将难以针对自然资源治理的具体问题开展深层次的分析和研究。故此，本书仅瞄准我国自然资源治理体系的顶层设计，按照"中央—地方—基层"三级分析框架，逐层厘清我国政府、社会、社区和市场四种治理机制在自然资源治理中的角色、互动关系、相互边界、需克服的问题，提出可供选择的治理方式，分析其作用条件和评估其作用效果。

森林、湿地和荒漠分别占我国国土面积的 21.63%、5.58% 和 18.03%，是我国生物多样性集中分布的地区，是我国生态文明建设的根本基础。国家公园概念的提出，在一定程度上客观地反映了我国几十年的自然生态系统管理在保护地体系建设中取得的成绩和存在的突出问题。我国保护地治理体系初步形成，但破碎化问题严重；基础产权模糊不清、保护不力；政府管理政出多门、各自为政、侵权和失位严重；各利益主体权责和收益脱节严重；社会参与分散有限；参与全球生态治理机制的建设和话语影响力与中国大国的地位很不相称。这不仅导致我国具有原生性、整体性的自然生态系统面临着面积减少、功能减退、生态压力增大等问题，限制了自然资源提供生态和文化产品的能力，还构成了建设生态文明和美丽中国的薄弱环节。同时，由于缺乏对中国保护地治理经验的系统梳理和理论升华以及与国际主流保护地治理理论的对话，中国对全球自然生态系统和生物多样性资源治理的经验和理论贡献微乎其微，这与中国作为发展中国家中生态建设成就最为突出、自然资源变迁最为剧烈的国家之一的身份极其不符。跟踪国际自然生态系统治理理论的进展，总结中华人民共和国成立，尤其是改革开放以来中国自然资源治理的经验和教训，不仅有助于开展面向生态文明建设的具有原生性、整体性的自然资源治理体系顶层设计，促进治理体系和治理能力现代化、法治化，对提高我国在该领域的理论自信、话语权也具有十分重要的作用。

2.1　自然资源管理的基本特征和困境

自然资源的基本特征决定了自然资源治理的特点：（1）非排他性和竞争性的公共资源属性增加了治理的难度，常常产生公地的悲剧、囚徒困境和集体行动的困境（Hardin，1968；Ostrom，1990；Olson，1995）。这意味着由于"搭便车"行为和机会主义行为使集体行动或合作变得困难，容易产生自然资源的退化和生态物品供给的困难。（2）作为生态系统，自然资源与人类社会的互动关系呈复杂的非线性关系，其脆弱性、弹性、异质性等特点，需要置于社会—生态系统角度下统筹考虑（Liu et al.，2006；Gallopin et al.，2006）。（3）自然资源在保护生物多样性、防治荒漠化、促绿色增长、减贫、维护传统精神与文化、减缓气候变化等多项环境与发展内容中发挥作用，需要处理不同需求的竞争或协同效应（FAO，2010）。（4）自然资源被从全球到社区的多层级多利益相关者管理和分享，但各层级中各利益相关者的收益与成本极不匹配，凸显了各利益相关者横向、纵向协调的重要性（Adams et al.，2004；Ostrom，2010）。

工业革命以来，人类社会生存与发展和自然资源之间的紧张关系不断凸显，这导致了自然资源的两个危机性结果：一方面是全方面、各层次的生态危机，进而有可能引发人类文明危机（Millennium Ecosystem Assessment，2005；Rockstrom et al.，2009）。森林、草场、湖泊、海洋、湿地等公共资源不断减少和退化，并引发了与此相关的全球气候变化、生物多样性锐减、传统文化流失、社会失序、贫困化等问题。例如，1990—2000年，全球森林年均减少约 1100 万公顷；2001—2010 年，森林面积年均下降 730 万公顷（FAO，2010）。毁林和森林退化贡献了全球温室气体排放量的 17%（FAO，2011）。另一方面是人类面临严重的自然资源治理危机（Ostrom et al.，1999；Dietz et al.，2003）。由于在社区、地方、国家和全球层面协调、组织有效集体行动或合作存在困难，人类仍然在探索能够可持续管理自然资源、供给生态公共物品的方式。随着气候变化、生物多样性减少等全球性生态危机的恶化，实现自然资源的良好治理和解决生态公共产品供给显得更加紧迫（Sala et al.，2010）。

2.2　自然资源治理的转变：从政府一元治理到多元治理

第二次世界大战以来到 1970 年代末期，政府一元治理成为发展中国家自然资源管理的主要特点，造成了严重的生态和发展灾难（Ross，1999；Agrawal et al.，2006）。亚非拉的殖民地、半殖民地纷纷独立成为新兴主权国家，强烈的发展主义思潮在自然资源领域蔓延，主要表现为希望通过对森林的国有化、商品化、官僚化和促进林产品贸易来实现政府直接配置资源、推动工业化进程（Haeuber，1993；Parpart et al.，2004）。在此背景下，自上而下的森林资源国有化、木材生产工业化、价格管制等措施不仅没有使发展中国家显著发展、人民受益；相反，腐败、资源浪费、低效却使这些国家的自然资源管理陷入混乱，乃至迷失了发展的方向，最终导致森林、草场、湿地等公共池塘资源减少和退化（Kummer et al.，1994；Geist et al.，2002）。自然资源的诅咒在发展中国家横行，失败的发展政策牺牲了丰富的森林资源却没有换来森林资源的良好管理和经济的迅速发展。

1970 年代末期以来，去政府化在全球兴起，自然资源管理理论和实践逐渐开始摆脱以政府为中心的单一治理手段，市场、非政府组织、社区的作用日益凸显，成为自然资源管理最为显著的特征和趋势（Agrawal et al.，2006）。自然资源从政府一元管理到治理（governance）的转变受到了以下多种力量的驱动：（1）1970—1980 年代资本主义滞胀危机、拉美债务危机、社会主义计划经济体制的失败宣告了结构主义政府干预在理论和实践上的失败。为了走出经济发展和财政困境，发展中国家开始改革原有高度集权的政府经济体制，自然资源管理体制也是其中一项重要内容（Parpart et al.，2004；Larson et al.，2005）。（2）以"华盛顿共识"为代表的新自由主义在全球兴起，主张私有化、减少政府对市场的干预和管制、充分发挥价格机制的作用，环境服务市场化机制被逐步引入西方发达国家并向全球扩展。这股发展思潮同时吸收了参与式、社区发展、民间组织、减贫等发展理念，更加强调赋权、民主化、减贫和公平（Jorgan et al.，2010）。（3）1992年里约环境发展大会之后，在政府间具有法律约束力的合约和国际环境组织增加的同时，非政府组织、市场消费者、跨国公司等对政府间达成的森林协议的不信任也与日俱增，促使国际环境领域市场手段和非政府组织的大量兴起，成为国际环境治理的重要力量之一（Visseren-hamakers et al.，2007；Chan et al.，2008）。（4）森林分权改革成为发展中国家森林资源管理最为显著的特征之一。全球有超过 60 个发展中国家从中央政府向地方政府和社区转移了不同程度的森林资源权属。地方政府、社区和农户在森林资源管理、林权安排上扮演着越来越重要的角色（Agrawal，2001；Agrawal et al.，2008）。（5）理论上重新发现和重视了以社区为基础的自然资源管理，并被以 Ostrom 为代表的公共治理学派发展整合为多元治理理论，为从政府管理向治理的转变提供了重要的理论框架（Ostrom，1990，2010）。

在此背景下，治理（governance）和环境治理（environmental governance）的定义和内涵发生了巨大的变化，从过去主要指政府治理转向各种由政府、社会、社区和市场等行动者共同参与的治理（Stoker，1998）。传统的治理主要指政府通过直接规定或禁止某些行为由上而下地解决市场失灵问题。这些规则和限制通常依赖政府的垄断行政权力来实施，具有权威性、强制性的特点；管理手段上以许可、审批、标准控制等命令控制为主。治理则包括更为多元的组织、制度和行动者，是各种政府、私人或志愿者或由其组成的企业或社会团体形成的跨组织合作网络，通过信息、知识和资金等资源的交流与共享，实现对成果和其他参与者的最大影响（Rhodes，1996）。Paavola（2007）将环境治理定义为建立、确认和改变制度以解决环境资源冲突。这种冲突，不一定是公开的冲突，也可以是包含许多参与方的利益冲突。这里的环境资源包括可再生或不可再生的自然资源，如生物多样性、水和空气。Giessen 等对森林治理的定义被国际森林研究组织联合会（IUFRO）认可，由四部分组成：各种正式和非正式、公共和私人管理机构；涉及森林及其利用、保护的规则、规范、原则、决策程序的种种制度；公共和私人行动者的互动；管理机构、制度和行动者互动对森林的影响。依治理定义，政府管理是多种治理方式的一种，甚至随治理制度安排不同而诞生了政府治理（governance by government）、政府参与下的治理（governance with government）和无政府参与的治理（governance without government）等治理模式。Lemos 和 Agrawal（2006）将环境治理定义为，各行动者借助系列规管过程、机制和机构体系，干预与环境相关的激励、知识、制度、决策和行为，影响环境行动及其效果。本书将采用这一定义。

归纳起来，自然资源治理研究呈现出以下几个重要特点和趋势：

第一，强调自然资源治理中各种行动者的重要性，尤其是企业、社区和非政府组织的参与。1980 年代以来，分权改革和国际环境政治化催生了大量的非政府行动者（如NGOs、跨国公司、社区、农民、消费者等）参与自然资源治理，政府与非政府行动者的边界越来越模糊（Visseren-hamakers et al.，2007；Chan et al.，2008；Agrawal et al.，

2008）。这既应合了管理和应对激增的自然资源复杂性和不确定性的需求，有助于弥补单一行动者（尤其是政府）知识和激励的不足（Hayek，1945；Tiebout，1956；Oate，1972；Ostrom et al.，1999），也是国际赋权、民主、可持续发展、绿色消费、公民运动等发展思潮和运动长期推动的结果（Lemos et al.，2006）。非政府行动者的大量涌现，一方面，可弥补政府在资源、知识和激励上的不足，有利于形成公私合作的伙伴关系（Andersson，2004；Visseren-hamakers et al.，2007）；另一方面，因转移了本该流向政府的资源，不可避免地削弱和动摇了政府的赋责、权威和资源，造成二者间的冲突（Ribot，2011）。非政府行动者在自然资源治理中的角色渐重，但具体参与程度、程序和效果却不尽如人意。研究发现，森林分权改革中，社区及其居民获得了一些管理森林的权利，但总体参与程度并不高，流于形式或者假参与大量存在（Chhatre，2008；Ribot et al.，2010）。对森林依附程度、女性参与度、赋权多少、行动者自身特征、能力、土地产权、社会资本、权力、利益分享机制等都会对非政府行动者的参与产生影响（Lise，2000；Salam et al.，2005；Agrawal，2009；Gong et al.，2010；Coulibaly-Lingani et al.，2011）。

　　第二，重视政府、市场和社区等机制及其合作伙伴关系的重要性，有助于形成一个协调良好的治理体系。自然资源治理，常常强调某一种治理机制最为有效，如政府、市场、社会组织或者社区。现实中则是各种机制都有其适用性和优缺点。（1）政府控制和管理是世界各国解决生态外部性问题和供给生态物品最为基本和常见的方式。这不仅源于政府本身的权威、合法性和行政权力，也与政府作为全世界最大的自然资源拥有者有关。政府常常出于某种公共利益目的，依据法律规定直接对一些资源利用行为、价格或数量进行限制，管理手段上以许可、审批、标准控制等命令控制手段为主。建立自然保护地是保护生物多样性、提供生态产品的一种重要且被广泛采用的管控手段。事实上，因信息、激励不相容等原因，政府控制和管理这种模式并不总能带来效率的提高，反而易滋生与自然资源管理相关的腐败、设租、寻租和权力滥用等治理问题。（2）1980 年代以后，随着发展中国家森林分权改革的推进和 Ostrom 等公共资源学派对传统私有化、政府管制和集体行动的反思，以社区为基础的公共资源管理在理论和实践上得到了前所未有的关注（Wade，1986；Ostrom，1990，2007，2010）。长期的社区生活，可以通过设计规则和习俗的力量，建立起制约成员的机会主义行为和"搭便车"行为的管理方式，改变一次性博弈造成的悲剧性结果。这一理论已经获得了来自世界各地森林、渔场、牧场等案例和数据的证明（Ostrom，1990）。以社区为基础的管理虽优于（或等同于）私人、政府实现森林多种目标的管理方式（Laron et al.，1990；Gluck，2001；Fernandez，

2006），但 Ostrom（2007）指出，私有产权、社区产权、国有产权与森林覆盖率或森林可持续管理之间的关联性有限。此外，以社区为基础的管理中，穷人和富人在自然资源管理中参与程度和收益不平等现象明显。与穷人相比，社区中的富人更加积极地参加社区林业的管理，承担了更多社区林业管理的任务和成本，获得的收益也更多（Adhikari et al.，2006）。（3）市场机制是避免生态服务市场失灵或政府失灵的重要调节手段。常见的市场手段有庇古税、补贴、可交易许可证或自愿协议等。森林认证、产品链等基于市场的措施，目前也被广泛应用在森林管理和木材贸易中。市场化机制、自愿机制逐渐代替了管制措施（Cashore，2002；Visseren-Hamakers et al.，2007）。近年来，生态补偿（PES）和减少毁林和森林退化导致的碳排放（REDD+）成为森林治理热点，强调各种综合措施的使用，以期改进地方森林治理（Wunder，2005；Miles，2008；Agrawal et al.，2008）。然而，大多数自愿的、私人推动的环境服务支付计划规模都比较小，交易成本高，只能提供微薄的收入和少量的保护收益，难以形成较大市场规模。（4）还有一种类型是政府、市场或者社区的合作机制。由于任何上述单一的机制通常被使用在特定的场合和问题上，并不能解决复杂的生态问题，越来越多的混合机制应运而生，以发挥多种机制的协同作用（Lemos et al.，2006）。这主要包括政府与市场的公私伙伴关系、政府与社区的共同管理、市场和社区的私人—社会合作伙伴关系。例如，政府与社区的共同管理就是试图兼顾政府提供公共生态服务以及地方社区生计发展的需要，实现环境和发展的双重目标（Jumbe et al.，2006；Behera，2006）。热带发展中国家政府通过授权许可证的方式允许私人开发、利用和保护森林资源的方式就是政府与社区共同管理的做法之一。然而，由于权力的不平等，弱势群体的利益在合作关系中常常处于弱势地位。政府与私人合作管理不利也会滋生腐败，进而造成更为严重的自然资源破坏（Mccarthy，2004）。

第三，关注各种干预方式和生态、社会和经济等森林管理多重目标之间的替代和协同效应。根据环境治理定义，又可以将各种政府、NGOs、市场和社区行动者为实现森林的生态、社会和经济效益，而对自然资源管理政策和方式施以影响的做法称为"外部干预方式"（Agrawal et al.，2014）。不同的干预手段，往往对应着不同的治理机制及其组合；或者说，在某一个治理机制下，往往对应着许多治理方式。这些干预方式如何搭配（替代或协同）往往会直接影响自然资源的治理。以森林分权改革为例，以 REDD+为主的生态服务付费（PES）模式引入市场机制后，对原来基于社区机制形成的改革成果造成了冲击。越来越多的资金、发展实践、研究活动导向了 REDD+和其他环境服务市场化机制，而使 30 余年来森林分权改革和地方森林治理体系的研究有被边缘化的风险（Phelps et al.，2010；Larson，2011）。森林分权改革是各国森林治理，包括财政机制和林权制度等基础性治理安排构建的基石，也是理解气候变化背景下各种 REDD+和其他环境服务市场化机制的基础（Sunderlin et al.，2009；Sandbrook et al.，2010）。设计全新的干预措施，而不是试图改善森林分权治理体系的做法，加剧了森林分权改革与其他治理手段之间的冲突与混乱，严重制约了各种治理措施的生态和社会效果（Beymer-Farrie et al.，2012）。国家、地方、社区如何解构和组配外部干预行动，关乎自然资源治理的综合绩效。

第四，重视多层级的横向和纵向治理。全球到地方各层级间可以通过权力、知识、资金、政策、技术等发生联系。自然资源问题复杂，又与生物多样性减少、气候变化、荒漠化等全球性环境问题交织在一起，背后涉及全球、国家、地方、社区等不同层次的行动者（Dietz et al.，2003）。不同层次行动者众多，其中部分行动者主导了不同层次的议题。在全球层次，政治家、外交家和林业行政管理高级官员主导了全球森林议题，而到社区层次，社区群众是事实上的主要行动者（刘金龙，2010）。不同行动者往往因权力和知识不对称等诸多原因对自然资源有不同的利益诉求和关切。活跃在全球、国家层次的行动者倾向于重视生态环境方面的价值，而社区层面的行动者更加关心生计和文化方面的价值（Griffiths，2008）。社区自然资源的可持续管理既受到国内发展战略、权力结构、农业政策、外贸政策、土地产权政策等结构性问题的深刻影响，又面临着越来越大的国际环境组织和国际制度性安排的干预影响，如何协调国际、国内与地方的不同需求，成为社区自然资源能否实现可持续发展的关键（Agrawal et al.，2014）。

第五，重视地方制度包括传统知识的重要作用。在中国乃至全球的自然资源治理实践和理论中，基层治理（local governance）在治理体系中的地位都是基础性的。自然资源基层治理的重要性，首先表现为森林、湿地、生物多样性此类自然资源有属地性质，且大多数资源实际多由其所在地的社区使用（叶敬忠等，2001）。其次，基层的治理形式往往具有多样性。这在我国历次林业经营管理改革和政策实施过程均是如此。最后，社区参与在第二次世界大战后的森林、湿地相关的环境发展干预中越来越受重视。在实践层面，合作森林管理（joint forest management）、社区林业（community forestry）、社会林业（social forestry）、共同林业（communal forestry）、参与式林业（participatory forestry）等概念相继被提出，并在亚洲、北美和欧洲有成功落地的范例（Harrison et al.，2004）。

地方制度的作用是基础性的。政府管制和市场机制等各式治理手段，只有"遭遇"特定地方制度，并与之冲突、妥协或协调，才能具体影响自然资源管理，而产生不同的生态、经济和社会效益（Sikor，2006；Larson，2011）。Ostrom 等（Wade，1986；Ostrom，1990，2007，2010；Agrawal，2001）对传统私有化和管制思想的反思，使地方制度的重要性（尤其是社区层面）得到了前所未有的关注。在反思"公地的悲剧"（Hardin，1968）所提出的对公共资源进行私有化和国家管制两种方式的基础上，Ostrom 等找到了第三种方式，提出成功治理公共池塘资源（CPR）的八大条件——清晰界定的边界、占用与供应规则与当地条件保持一致、集体选择的安排、监督、分级制裁、冲突解决机制、对组织的最低限度的认可、多层次的管理单位，并发展出制度分析与发展框架（Ostrom，2005）。

社区治理并不是自然资源治理的"万能药"。社区的概念必须聚焦于自然资源保护语境中的多种利益和行动者，包括易被排斥的女性等弱势群体（Agrawal & Gibson，1999；Agrawal，2001）。社区及其所形成的治理自然资源的规则，不能单单像 Ostrom 的学派一样看作被设计出来的，而是各个利益相关者行动甚至冲突而妥协成的。社区与自然资源的关系也并不仅仅是木材等经济关系，经济组织并不仅仅是企业，他们的利益不仅仅是经济方面的，地方的人们与自然资源之间是独特、复杂的关系，存在于当地文化之中（Taylor，2010）。当地的传统知识和文化是社区形成制度和自然资源善治的关键变量。传统知识和现代科学知识的相互学习，是走出公共资源治理困境的途径之一（Klooster，2002）。因此，关注社区，不仅是关注国家制度如何落地基层，还是自然资源治理好坏的关键。

第3章　国家公园的治理机制和手段

我国国家公园的建设需要结合政府、市场、社会、社区等多方力量。因此，本书在研究国家公园治理体系时，着重讨论不同的机制和手段。本章总结了自然生态系统保护实践中已经运用的政府主导机制、市场机制、社会机制、社区机制及主要手段。

3.1　政府主导机制

政府主导机制是指政府为推动环境保护和自然资源可持续管理，配置、倡导、规制和组合行政措拖并设计这些措施综合运行规则。政府主导机制根据作用方式可分为政府管制机制（直接机制）和引导机制（间接机制）两类。

3.1.1　政府管制机制

政府管制是政府主导的直接机制行为，是具有法律地位的、相对独立的政府管制者，通过制定一定的规则对被管制者（个人和组织）的行为进行限制与调控（曹国安，2004）。根据这一定义，政府管制应包括三个构成要素：第一，政府管制的主体是政府行政机关（简称"政府"），这些行政机关通过立法或其他形式被授予管制权，通常被称为管制者。第二，政府管制的客体是个人和组织，通常被称为被管制者。第三，政府管制的主要依据和手段是各种规则（或制度），这些规则可能是法律，也可能是比法律效力低的各项规定与政策。

1.　相关法律

法律管制作为最强规则的政府管制，是指通过制定法律法规对被管制者（个人和组织）的行为进行限制和调控，对解决生物多样性和环境保护而产生的外部性具有最直接有效的作用。主要有国际环境相关法律和法规、国内和地方法律和法规、类法律管制。

（1）国际环境相关法律和法规

国际上现有许多与生物多样性相关的法律，其中最主要的有七个：《生物多样性公约》（*Convention on Biological Diversity*，CBD）、《保护野生动物迁徙物种公约》（*Convention on Conservation of Migratory Species*，CMS）、《濒危野生动植物物种国际贸易公约》（*Convention on International Trade in Endangered Species of Wild Fauna and Flora*，CITES）、《粮食和农业植物遗传资源国际条约》（*International Treaty on Plant Genetic Resources for Food and Agriculture*，ITPGRFA）、《拉姆萨尔湿地公约》（*Ramsar Convention on Wetlands*）、《世界遗产公约》（*World Heritage Convention*）和《国际植物保护公约》（*International Plant Protection Convention*，IPPC）。此外，还有《联合国气候变化框架公约》（UNFCC）、《联合国防治荒漠化公约》（UNCCD）、《联合国海洋法公约》（UNCLOS）、《联合国国际水道公约》和防止垃圾和化学品相关公约等。

（2）国内和地方法律和法规

我国自然保护体系普遍采用"中央+地方"的法律体系。中央立法确定生物多样性和环境保护的方向和核心，地方政府以中央立法为基础，建立具有实操性的地方法律法规。

国家层面关于生物多样性保护的法律有：《中华人民共和国自然保护区管理条例》《风景名胜区管理条例》《中华人民共和国环境保护法》《中华人民共和国森林法》《中华人民共和国水法》《中华人民共和国节约能源法》《中华人民共和国水污染防治法》《中华人民共和国海洋环境保护法》《中华人民共和国野生动物保护法》《中华人民共和国防沙治沙法》《中华人民共和国水土保持法》《中华人民共和国草原法》《中华人民共和国渔业法》。同时，我国在《中华人民共和国城乡规划法》和《中华人民共和国土地管理法》中对某些保护地的土地使用和规划进行了管制约束。在此基础上，中央各部委进一步出台了细化的实施条例，如《建设项目环境保护管理条例》《中华人民共和国水污染防治法实施细则》《中华人民共和国大气污染防治法实施细则》《国家突发环境事件预案》《畜禽养殖污染防止管理办法》。

我国各省、自治区、直辖市和地级市享有一定的立法权。在与中央法律法规不冲突的情况下，地方政府可以根据中央出台的一系列法律法规制定符合当地情况的具体详细的法规。云南在现有《中华人民共和国自然保护区管理条例》《风景名胜区条例》《中华人民共和国森林法》《中华人民共和国物权法》《中华人民共和国环境保护法》《中华人民共和国旅游法》《自然保护区土地管理办法》《土地管理法》等的基础上，于第十二届省级人民代表大会常务委员会第二十二次会议通过《云南省国家公园管理条例》，自 2016 年 1 月 1 日起正式实施，率先实现了国家公园管理体制地方立法。根据《云南省国家公园管理条例》，国家公园管理遵循科学规划、严格保护、适度利用、共享发展的原则，采取政府主导、多方参与、分区分类的管理方式。国家公园将划分为严格保护区、生态保育区、游憩展示区和传统利用区。禁止任何单位和个人进入严格保护区，因科学研究需要必须进入的，应当经国家公园管理机构同意，依照有关法律法规办理手续。《云南省国家公园管理条例》还明确，由省政府林业行政部门组织有关专家，每 5 年对国家公园进行综合评估，评估结果报省政府批准后公布，评估不合格的，应当限期整改。

1994 年通过的《中华人民共和国自然保护区管理条例》，对推动我国生物多样性保护事业发挥了很大的作用。然而该法在立法理念、社区安排、传统文化保护、保护措施等方面都存在不够完善的地方。管理部门在具体操作实施时也往往是低效的，管理中似是有法可依，实则无法可依。除具体细节没有规定外，具体执法权也不在管理部门手中，《中华人民共和国自然保护区管理条例》也没有提出具体的执行准则。并且部分自然保护区由于头衔过多而面临着多项彼此有出入的法律，然而具体执行根据哪一项法律也缺少依据。

（3）类法律管制

除上述国内外法律法规以管制约束的手段保护生物多样性，我国还存在一些类法律管制行为，即不依靠政府制定的法律法规对被管制者进行管制，而是通过法律之外的规则进行管制，但仍然起到法律的效果。

2. 行政管理

在我国自然生态系统保护工作中，土地用途管制和贸易管制是两种重要的行政管理手段。

（1）土地用途管制

国家为保证土地资源的合理利用和优化配置，促进经济、社会和环境的协调发展，依托《中华人民共和国土地管理法》和国家编制的《土地利用总体规划》，规定土地用途，明确土地使用条件，土地所有者、使用者必须严格按照规划所确定的土地用途和条件使用土地的制度。土地用途管制的内容包括：土地按用途进行合理分类、土地利用总体规划规定土地用途、土地登记注明土地用途、土地用途变更实行审批、对不按照规定的土地用途使用土地的行为进行处罚等。

土地用途管制将土地分为农用地、建设用地和未利用地。严格限制农用地转为建设用地，控制建设用地总量，对耕地实行特殊保护。对自然保护区和国家公园内宅基地的扩建及林地的保护进行限制和控制。

（2）贸易管制

贸易管制又称为进出口贸易管制，即对外贸易的国家管制，是指一国政府从国家的宏观经济利益、国内外政策需要以及为履行所缔结或加入国际条约的义务出发，为对本国的对外贸易活动实现有效的管理而颁布实行的各种制度以及所设立相应机构及其活动的总称。进出口许可、进出口税费、进出口退税费、进出口配额等相关对外贸易手段在一定程度上限制了我国自然保护区、国家公园内原有产业对外贸易的规模和发展。改革开放以来，武夷山对外出口大量毛竹，毛竹生产污染和扩边现象严重，随后竹制品出口退税取消，毛竹生产逐渐缩减，对武夷山自然保护区生态环境和生物多样性的保护起到了一定作用。

3.1.2　引导机制

引导机制，是政府实行的间接机制，是指政府作为引导者，以某种方式（政策、财政等）引领着被引导者（组织和个人）做出某些行为，而这些行为最终实现了生物多样性的保护。经初步归纳总结，我国现有引导机制主要有以下三类。

1. 政策引导

（1）生态文明建设政策

2013年十八届三中全会，国家正式提出"坚定不移实施主体功能区制度，建立国土空间开发保护制度，严格按照主体功能区定位推动发展，建立国家公园体制"。2015年5月，国家在《中共中央 国务院关于加快推进生态文明建设的意见》中提出"建立国家公园体制，实行分级、统一管理，保护自然生态和自然文化遗产原真性、完整性"。随后2015年9月，《生态文明体制改革总体方案》和《中共中央关于制定国民经济和社会发展第十三个五年规划的建议》着重强调了国家公园的建设工作。2016年4月，《国务院批转国家发展改革委关于2016年深化经济体制改革重点工作意见的通知》提出"加快生态文明体制改革，推动形成绿色生产和消费方式"。

自2013年起，国家将生态文明建设摆在越来越重要的位置，中央有关文件相继出台，引导着整个社会发展方式的转型，以期在兼顾发展的同时，逐步减少对自然生态系统的压力。

（2）生态纳入政绩考核

引导当地政府偏离经济发展、重视生态建设的最直接的手段是将当地政府考核与生态挂钩。党的十八大以来，离任绩效考核、生态绩效考核等管理绩效评估机制越来越受到重视。

2. 财政引导

（1）政府资金补偿

政府通过资金补偿的方式，限制甚至是禁止人类活动对森林的干扰，进而达到保护生态系统的目的。天然林保护工程、退耕还林和生态公益林均是采用政府资金补偿的方式推行的。

a. 天然林保护工程

旨在保护那些尚保存较好的天然林，遏制生态环境恶化，保护自然生态系统和生物多样性，主要措施包括：对天然林重新分类和区划，调整森林资源经营方向，促进天然林资源的保护、培育和发展，以维护和改善生态环境；对划入生态公益林的森林实行严格管护，坚决停止采伐，对划入一般生态公益林的森林，大幅度调减森林采伐量；加大森林资源保护力度，大力开展营造林建设；加强多资源综合开发利用，调整和优化林区经济结构；以改革为动力，用新思路、新办法，广辟就业门路，妥善分流安置富余人员，解决职工生活问题；进一步发挥森林的生态屏障作用，保障国民经济和社会的可持续发展。

b. 退耕还林项目

退耕还林是从保护和改善生态环境出发，将易造成水土流失的坡耕地有计划、有步骤地停止耕种，按照适地适树的原则，因地制宜地植树造林，恢复森林植被。退耕还林工程建设包括两个方面的内容：一是坡耕地退耕还林；二是宜林荒山荒地造林。国家按照核定的退耕还林实际面积，向土地承包经营权人提供补助粮食、种苗造林补助费和生活补助费。具体补助标准和补助年限按照国务院有关规定执行。

c. 生态公益林项目

生态公益林是指生态区位极为重要，或生态状况极为脆弱，对国土生态安全、生物多样性保护和经济社会可持续发展具有重要作用，以提供森林生态和社会服务产品为主要经营目的的重点防护林和特种用途林，包括水源涵养林、水土保持林、防风固沙林、护岸林、自然保护区的森林和国防林等。2004 年，财政部、国家林业局共同颁布《中央森林生态效益补偿基金管理办法》，正式建立我国生态公益林补偿基金制度。2013 年，中央财政共下拨森林生态效益补偿基金 149 亿元，主要用于对国家级公益林的保护和管理。近年来，中央财政不断加大森林生态效益补偿基金投入，逐步提高了补偿标准。

（2）政府引导基金

政府引导基金是指由政府出资，并吸引有关地方政府、金融、投资机构和社会资本，不以营利为目的，以股权或债权等方式投资于创业风险投资机构或新设创业风险投资基金，以支持创业企业发展的专项资金。

2017 年 5 月，中央财政引导设立 1800 亿元 PPP（公共私营合作制）融资支持基金。基金总规模 1800 亿元，将作为社会资本方重点支持公共服务领域 PPP 项目发展，提高项目融资的可获得性。

（3）税收引导

环境税收的减免或增加对纳税群体有一定的激励作用，引导纳税群体走向保护。2018 年 1 月 1 日起中国施行《中华人民共和国环境保护税法》。该法律对应税污染物计税依据和应缴税额、减免税收及征税管理做出了权威的规定，是我国目前较为完整的环境税法。

3. 其他引导

（1）PPP

PPP（Public-Privation Partnerships）即"公共私营合作制"，即公共政府部门与民营企业合作模式。其典型结构为：政府部门或地方政府通过政府采购形式与中标单位组成的特殊目的公司签订特许合同（特殊目的公司一般是由中标的建筑公司、服务经营公司或对项目进行投资的第三方组成的股份有限公司），由特殊目的公司负责筹资、建设及经营（图 3-1）。政府通常与提供贷款的金融机构达成一个直接协议，这个协议并不是对项目进行担保的协议，而是一个向借贷机构承诺将按与特殊目的公司签订的合同支付有关费用的协定，这个协议能使特殊目的公司比较顺利地获得金融机构的贷款。通过这种方式，政府可以给予私营公司长期的特许经营权和收益权来换取足够的资金，在加快基础设施建设的同时实现有效运营。

在我国社会主义市场经济的当前阶段，过度依靠政府来独立运作公共基础设施建设项目，不可避免地会遇到成本过高、服务质量欠佳等问题。因此，要促进我国基础设施建设项目的民营化。在我国基础设施建设领域引入 PPP 模式，具有极其重要的现实价值。

我国政府也开始认识到这些重要价值，并为 PPP 模式在我国的发展提供了一定的国家政策层面和法律法规层面的支持。

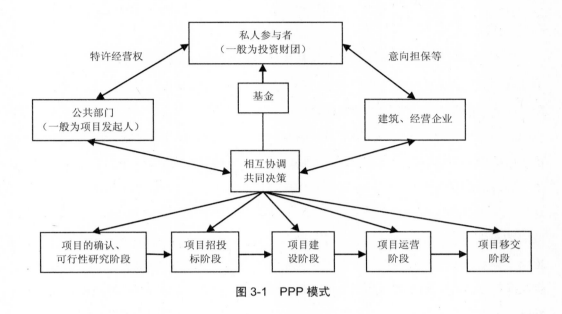

图 3-1　PPP 模式

（2）推进社会团体的介入

近年来，在政府的高度重视和引导下，环保型社会组织不断发展，在提升公众环保意识、促进公众参与环保、开展环境维权与法律援助、参与环保政策制定与实施、监督企业环境行为、促进环境保护国际交流与合作等方面起到了不可替代的作用。但是，由于缺乏相关政策支撑、自身管理体制不健全、培育引导力度不够等，此类社会团体依然存在管理缺乏规范、质量参差不齐、作用发挥有待提高等问题，与我国建设生态文明和绿色发展的要求相比还有较大差距。

3.2　市场机制

几十年来，发达国家和部分发展中国家在公共产品供给中进行了各种各样的市场化改革努力。实践经验表明，引入市场机制能够在很大程度上提高公共产品与公共服务的供给效率和社会效益（李慧，2010）。市场机制是指以市场这一"看不见的手"调整人与人的关系和人与自然的关系，通过对环境资源产权的完善界定和在市场上的自由交换来使外部效应内在化。主要方式有：政府购买、生态环境服务付费、生态旅游、生态税、绿色金融、公平贸易、地理标志、绿色标志。

3.2.1　政府购买生态服务

政府购买生态服务，是政府购买公共服务的内容之一，指政府为了更有效地满足社会生态需求，以建立契约关系的方式，利用财政资金向社会力量（营利部门、非营利组织及个人）购买，由承购方具体运作从而向公民提供生态公共服务的一系列活动。它不仅减轻了政府负担、提高了政府工作效率和财政资金使用效率，也通过引入社会和市场的力量，为政府管理提供了新机制和新活力。

在政府购买生态公共服务中，虽然生态公共服务由社会力量直接提供给公民，但是这种服务仍然是依靠财政资金来提供的，政府在服务的提供中占主导地位。目前，我国政府购买生态公共服务还处于局部试点与探索阶段。在试点探索中，政府购买公共服务推动了公众环境意识的改善，促进了与环境保护相关企业的发展，改善了财政资金的使用效率等，然而呈现出的问题很多，需要引起足够的重视。这些问题主要有：认识不够深入，各地发展不平衡，购买的独立性和竞争性还不够强，买方市场不健全，缺少成本核算标准，财政资金的监管机制不够完善等。亟须解决"买什么""向谁买""怎么买""买了怎么办"的问题。

3.2.2　生态环境服务付费

生态环境服务付费（Payment for Ecosystem Services，PES）是一种将环境服务非市场的、具有外部性的价值转化为对环境保护者激励的方法。PES 是在特定的地理、社会、经济条件下，基于落实受益者付费原则而形成的环境保护成本分享和利益分配安排。PES的项目制定过程中需要对生态保护产生的外部性和提供生态服务的数量和质量建立清晰的因果关系。PES 项目的形成必须有三个基础：一是定义、测量并量化生态服务；二是确定方案中的参与者，并与之进行沟通；三是建立偿付标准和偿付机制。除以现金形式偿付外，其他形式的偿付方式也可作为补充手段，如培训、技术转让、投资社会事业。政府的角色是非常显著的，政府可以作为生态环境服务的直接购买方，同时也创造了一个允许市场交易的环境。

3.2.3 生态税

生态税，又称环境税，包括对污染行业、污染品以及资源的使用征税，对投资于防治污染、环境保护或资源节约的纳税人给予税收减免以及对不同产品实行差别税收。环境税主要分为能源税、交通税、污染税和资源税，具体税种主要有碳税、进口税、许可证费以及采掘税、排污税和垃圾填埋税等。征收环境税的原因在于污染具有负外部性，征收环境税的目的就是将这种外部成本部分或全部内化。环境税拥有防治污染保护生态的环境保护功能、促进发展提高产出的经济效率功能和公平竞争调节分配的社会公平三大功能。

在我国现有的环境税费制度基础上，应适时开征能源资源税和生态保护税。能源资源税不仅能够鼓励企业节能减排、提高产出，实现环境税的效率功能，还能促进资源的合理配置，调节因自然因素造成的资源级差收入，实现环境税的调平功能。能源税不仅把现有消费税中的成品油税调整为能源税的课税范围，还对石油、天然气、煤炭等传统能源和核能等新型能源征税。资源税征税范围不仅包括现行的资源税目，还包括水资源等自然资源。在税率设计上坚持级差调节，建议参考资源税和消费税中的具体设定。生态保护税主要用于保护生态环境。对于我国现有的生态环境补偿费进行"费改税"，逐步扩大征税范围，由开发者负责补偿其造成的环境损失；时机成熟后可借鉴美国的经验，考虑环境税的开征。税率的设定应考虑地域差别，补偿生态保护成本，这也是对经济发展、公平分配问题的考虑（王琳，2014）。

3.2.4 绿色金融

根据 2016 年 8 月 31 日中国人民银行等七部委发布的《关于构建绿色金融体系的指导意见》，绿色金融是指为支持环境改善、应对气候变化和资源节约高效利用的经济活动，即对环保、节能、清洁能源、绿色交通、绿色建筑等领域的项目投融资、项目运营、风险管理等所提供的金融服务。

就现阶段发展而言，人们对于"绿色金融"的关注点仍主要集中在银行业，尤其是银行的信贷业务方面，即"绿色信贷"。我国绿色金融存在诸多问题，主要体现在以下几个方面：首先，绿色金融发展还缺乏良好的政策和市场环境。我国环保政策、法律体系还不完善，环境经济政策也还处于酝酿和探索阶段，地方保护主义、政策执行不力等现象在环保领域还比较普遍，环保信息也还不透明；其次，绿色金融的发展还缺乏内外部激励和监督。我国金融机构股东、投资者、员工环境保护和社会责任意识还不强，金融发展也需要约束激励机制；再次，金融主管部门绿色金融发展战略安排和政策配套比较欠缺。目前金融主管部门的绿色金融政策目标也还主要停留在限制对"两高一资"企业的信贷投放和促进节能减排短期目标的实现上，对绿色金融缺乏完整的战略安排和政策配套；最后，金融机构发展绿色金融的战略准备工作进展还比较缓慢。

3.2.5　公平贸易

公平贸易是一个基于对话、透明及互相尊重的贸易活动伙伴关系，旨在追求国际交易的更大公平性，以提供更公平的贸易条件及确保那些被边缘化的劳工及生产者的权益（特别是发展中国家）为基础，致力于实现可持续发展。简单来说，即是在贴有公平贸易标签及其相关产品中，提倡一种关于全球劳工、环保及社会政策的公平性标准，其产品从手工艺品到农产品不一而足，并且特别关注那些自发展中国家销售到发达国家的外销。公平贸易的确有助于改善那些被边缘化的劳工及生产者的权益，但不能完全根治贫穷问题，而其所涉及的生产者很多，公平贸易不能一一保障。

3.2.6　地理标志

世界贸易组织在有关贸易的知识产权协议中，对地理标志的定义为：地理标志是鉴别原产于一成员国领土或该领土的一个地区或一地点的产品的标志，但标志产品的质量、声誉或其他确定的特性应主要取决于其原产地。因此，地理标志主要用于鉴别某一产品的产地，即是该产品的产地标志。与之相类似的还有原产地名称。地理标志是"兴农"的助推器，是"土特产"走向世界的通行证，是农民富裕的"摇钱树"。

"中国地理标志"课题组进行首次调研的地理标志有 323 个。地理标志分为十个类别，其中瓜果蔬菜类最多，达到 104 个，占总数的 30.20%。地理标志类属农产品的共有 307 个，占总数的 95.0%。可以说，地理标志是与"三农"最密切的知识产权。地理标志作为市场营销环节的一种环境管制措施，对于创收有着决定性的作用。为了实现长久收入，利益群体会自发保护生态。四川老河沟以"熊猫"为名，生产熊猫蜂蜜以及其他农林产品，成功带领当地居民创收，但这只是少数成功案例。地理标志作为一种新型知识产权，我国社会对地理标志的认识和关注尚处在初级阶段，地理标志的保护与发展工作体系还在逐步完善中。

3.2.7　绿色标志

绿色环境标志是由政府部门、公共或民间团体依照一定的环保标准，向申请者颁发并印在产品和包装上的特定标志，用于向消费者证明该产品从研制、开发到生产、运输、销售、使用直到回收利用的整个过程都符合环境保护标准，对生态环境和人类健康均无损害。绿色标志同样作为市场营销环节的一种环境管制措施，最近几年已有不少国家相继实行，其主要目的在于提高产品的环境品质和特征，体现环保意识。对企业而言，绿色标志可谓绿色产品的身份证，是企业获得政府支持，获取消费者信任，顺利开展绿色营销的重要保证。

3.2.8　生态旅游

生态旅游作为可持续替代生计，是各类保护地发展的优先选择。生态旅游能够缓解当地政府财政压力，促进区域经济发展，改善当地社区人民的生活。目前，我国 80%的自然保护区开发了生态旅游（Li，2004），仅 16%的保护区对生态旅游进行了常规监测（Li et al.，2001）。由于缺乏相关知识和管理经验，越来越多的游客和在保护区内开展了超出恰当范围的基础建设，对环境和当地社区造成极大的负面影响（Buckley et al.，2008）。缺乏必要的预警机制，往往在生态系统遭到破坏后才采取一些补救措施，效果受到了影响（Li，2004）。生态旅游是把"双刃剑"，平衡保护和发展的关系是核心。

3.3　社会机制

社会机制是指通过非政府、非营利组织，以社会舆论、社会道德和公众参与等非行政、非市场方式进行调整，如利用环保群众运动和环境道德舆论去克服环境的外部不经济。以公众参与、信息公开、宣传教育等为主要内容的环境保护社会机制的建立，有着其必要性和重要性。建立完善的社会机制是对政府机制和市场机制的有益补充，也是实现公众利益的重要方式（徐玲燕，2005）。常见形式主要有：基础设施投资、企业社会责任、共管、道德约束、环境教育、宗教文化、纪念林等。

3.3.1　企业社会责任

企业社会责任（Corporate Social Responsibility，CSR）是指企业在创造利润、对股东承担法律责任的同时，还要承担对员工、消费者、社区和环境的责任。企业的社会责任要求企业必须超越把利润作为唯一目标的传统理念，强调在生产过程中对人的价值的关注，强调对环境、消费者和社会的贡献。企业履行社会责任有助于保护资源和环境，实现可持续发展。企业作为社会公民对资源和环境的可持续发展负有不可推卸的责任，而企业履行社会责任，通过技术革新可首先减少生产活动各个环节对环境可能造成的污染，同时也可以降低能耗，节约资源，降低企业生产成本，从而使产品价格更具竞争力。企业还可通过公益事业与社区共同建设环保设施，以净化环境，保护社区及其他公民的利益。这将有助于缓解城市尤其是工业企业集中的城市经济发展与环境污染严重、人居环境恶化间的矛盾。

3.3.2　共管

生态保护不仅是政府的职能，也是社会和社区的职责。应改革现有制度体系，纳入社会、社区保护监督职能，实现共管。共管模式是对以政府为单一管理主体的保护模式的一种有益补充。

3.3.3　道德约束

建立生态道德规范，约束违反生态保护的行为。生态道德规范作为一种行为规范或行为准则，是生态道德的基本形态。它是人们在社会生活的实践中逐步形成和发展起来的，对人们的生态行为起着直接的指导、规范和约束作用。完善生态道德规范有利于生态道德建设成果的巩固和实践。

生态道德规范是人们在生态环境保护、改造、发展和建设的实践中，所应该遵守的行为规范和准则。这些规范在一定情境中告诉人们该如何行为、如何行动，或者不该如何行为、如何行动。如花园中"请爱护花草""请勿践踏草木"等警示标语。它直接告诉人们该怎么做，不该怎么做。它以特有的方式维持和调节着人与自然、人与社会、人与人之间的相互关系，并包含着人们对自然界的义务和责任，使个人的情感欲望获得某种生态道德理性，进而把初始的美好人性还给个人。同时，还能够激发人的创造力，引导人们自我完善。

3.3.4　环境教育

环境教育是以提升公民的环境意识、促成他们爱护和保护环境的行为为目的的跨学科教育活动。通过教育手段，使公民能够理解人类与环境的相互关系，获得解决环境问题的技能，树立正确的环境价值观、环境态度和环境审美情感。

目前，我国的环境教育管理机构存在领导体制不明确，组织机构不完备的问题。与环境保护教育有关工作的设计和开展，是由教育主管部门和环境保护主管部门将其作为工作内容的一部分进行管理。例如，在县级环保局的内部机构设置中，有的将环境保护宣传教育的职责放在综合科或办公室，虽然设置两块牌子但却是一套人马，并没有专门从事环境教育宣传的科室和人员，有的干脆不设宣教科。而且对环境教育投入不足这一问题在学校中体现得特别明显：第一，师资力量匮乏，办学经费紧张；第二，对环境保护课程结构设计不合理；第三，环境教育的教材内容滞后，教学方法单一。我国国家公园试点中需要逐步建立起环境教育展示和教育解说体系（赵宇，2012）。

3.3.5　宗教文化

我国的生态文明建设应借鉴和吸收各种宗教文化的生态和谐思想。生态系统的变化受宗教文化因素和自然因素的影响，宗教文化因素也受生态系统状态和自然因素的影响。老子在《道德经》中提出了"道法自然"的基本原理，主张"一切有形，皆含道性"，要实现物我共生。人与自然的关系被描述为"人法地，地法天，天法道，道法自然"，这就体现了"万物一体""天人合一"的生态整体思想。道教认为，宇宙间天地人物、飞禽走兽、草木昆虫等一切存在物都是由道气所化，只是由于它们各自禀赋的道气清浊不同，才各成形性，构成了多样性的世界。佛教不仅在戒律上倡导素食、不乱砍伐树木、行路不践踏绿草等，而且在深层次上有效处理了人类与自然的正确关系。佛教强调缘起性空，把世界万物看成一个统一整体，万事万物总是处于不断循环之中。基督教的《圣经》早就阐明了人类与自然界的关系，人类应当是自然界的看护者，而不是作为生态的敌人。伊斯兰文化在自然观上同样具有重视整体和谐的特征，伊斯兰文化号召人们多植树造林、绿化美化环境。伊斯兰教的生态伦理，禁止信众乱砍滥伐、乱捕滥杀。我们也应借鉴并吸收宝贵的宗教思想，建立社会、人类、资源协调的可持续发展观、生态系统平衡的自然观。这些理念和宗教规范都是生态文明建设的重要思想资源与实践创新，能够促进美丽中国的建设（王平，2013）。

3.4　社区机制

相较于政府机制，社区机制是以非正式规则管制社区内组织和个人自然资源利用的行为和方法，以一套内在的制度进行约束管制以实现生物多样性和环境的保护效果。这些非正式规则包括传统的乡规民约、民俗传统和宗族制度，具体形式主要有：社区自然资源管理、圣境、风水林、村规民约、传统文化、宗族制度。

3.4.1　社区自然资源管理

社区自然资源管理（Community-Based Nature Resource Management，CBNRM）是指在一定空间范围内具有管辖权和责任的社区，给予清晰且集中的社会架构和共同利益，有效、公平、可持续地自我管理自然资源的模式，其目的是想通过一种灵活的、关注农村社区参与的、适合于农村社区基本情况的管理方式来实现对自然资源的高效和可持续管理。虽然该模式在不同领域侧重点有所不同，但是大都包含着类似的特性：a. 保证社区成员和当地机构参与到自然资源的管理和保护中；b. 从中央（或者省级）政府向地方机构和居民分权；c. 有意愿地去对接和协调社会经济发展与环境保护方面的不同目标；d. 有倾向地去保护当地社区资源并使其产权合法化；e. 认可传统价值观和生态知识在现代资源管理体系中的价值。

3.4.2　圣境

中国民间传统信仰的神山圣境、圣林、圣河、圣树、圣草、圣鸟、圣兽等，常和民族历史文化、图腾崇拜及宗教信仰联系在一起，包含着十分丰富而又复杂的人与自然之间的相互关系，不仅有民族文化的功能，同时具有保护生物物种多样性和生态系统功能的作用（裴盛基，2006）。自然圣境具有以下三个方面的作用：首先，保护了一些重要的植被类型；其次，保护了大量的植物物种，其中不乏具有重要科研和经济价值的植物，包括药用植物；最后，位于自然保护区周围或之间的山林圣境，可能起到各自然保护区之间物种交流"踏步石"的作用，提高了保护区的保护效果。自然保护区是生物多样性保护的主要场所（裴盛基，2006；罗鹏等，2001；Wang，2014），且许多是在自然圣境的基础上建立起来的。如西双版纳自然保护区就把曼养广龙山和骑马山龙山等有较大影响的自然圣境纳入了保护区范围（裴盛基，2004）。

自然圣境作为传统文化保存下来的一种价值观应当得到尊重和保护，并作为文化多样性和生物多样性保护的内容给予重视。然而，随着社会经济的发展、环境的变迁和科学技术的进步，自然圣境缺乏社会的广泛认同和政府的承认，且尚未纳入政府的保护和管理决策之中（裴盛基，2006）。如何得到政府和社会的认同，并有效地纳入保护规划中是亟须解决的问题。

3.4.3　风水林

风水林是指为了保持良好风水而特意保留的树林，是华南不少乡村的特色。不少村落在选址时，考虑到风水上的因素，通常会在茂密的树林旁兴建，令其成为村落后方的绿带屏障。由于村民相信风水林会为村落带来好运，因此他们都会着重保护风水林。他们更会在风水林栽种具有不同实用价值的树木（如果树、榕树、樟树及竹等），使风水林有实质经济价值。

3.4.4　村规民约

村规民约是村民群众在村民自治的起始阶段，依据党的方针政策和国家法律法规，结合本村实际，为维护本村的社会秩序、社会公共道德、村风民俗、精神文明建设等方面制订的约束规范村民行为的一种规章制度。普达措国家公园试点区内的洛茸村，自从与普达措旅游分公司签订反哺合同之后调整了村规，社区内部规定：每年十二月份只允许村民 20 天的时间上山捡干柴，不允许砍湿柴，每家每户薪柴采集量不能超过 100 立方米，垒在自家门口，村里会派人统一检查测量。普达措旅游分公司为社区居民提供了清洁工作岗位，即社区居民垃圾也不能随便乱扔，需要集中起来，公司每月会派车来集中拉走。这些规定都是在村集体内开会讨论通过的，并得到了大家的遵守。这些规定的实施有助于保护普达措国家公园内的生态环境。

3.4.5　传统文化

各民族对环境和自然资源的保护利用往往是在潜意识和长期的生产实践中逐渐形成的。这些朴素的民族生态观和实践具有可持续性，是自然保护区生物多样性保护和生物资源持续利用的一个不可分割的有机整体，是解决发展和保护之间的冲突问题的必由之路。不同形式的民族传统文化信仰，无论是"祖先崇拜""自然崇拜""神灵崇拜"还是"宗教崇拜",在历史上都一定程度上起到了保护动植物物种及其生境的作用。这些文化信仰的核心包含着人与自然共生、生物伦理道德和民族文化标记的多重内涵,是先辈认知和实践的经验总结,是凝聚于传统文化之中的一种无形力量,为生物多样性和自然保护做出了历史的贡献,对现代生物多样性保护具有很好的启示和借鉴作用(裴盛基,2011)。

3.5　治理机制和主要手段

综合前述四节,可总结出四种治理机制及其常见治理手段,详见表 3-1。

表 3-1　政府机制、市场机制、社会机制和社区机制的常见手段

政府主导（管制）机制	国际环境相关法律和法规、国内与地方法律和法规、生态功能区区划、土地用途管制、贸易管制、自然资源账户管理
市场机制	政府购买、PES、生态旅游、生态税、绿色金融、公平贸易、地理标志、绿色标志
社会机制	企业社会责任、共管、道德约束、环境教育、宗教文化、纪念林等
社区机制	社区自然资源管理、圣境、风水林、村规民约、传统文化、宗族制度

第4章　现有国家公园治理的经验

我国目前已经批准了三江源、东北虎豹、大熊猫国家公园等 10 个国家公园试点建设方案。各国家公园试点建设工作虽如火如荼地开展，但仍处于探索阶段，尤其是管理体制、法律制定、社会协调等方面。本章主要梳理了对我国大陆国家公园治理有借鉴意义的先进国家，包括美国、德国、日本、加拿大现有国家公园治理的经验。我国大陆国家公园治理构建面临很多困难，自然因素与社会经济因素相互交织在一起，其中人与地关系和钱与权关系尤为突出（苏杨和王蕾，2015）。本章通过对案例国家的梳理，明确了针对我国大陆国家公园治理建设中面临的焦点问题。这些问题主要有：（1）管理体制：中央政府缺位，部门分割、混杂现象严重（陈君帜，2014；周光迅和庞惠鸿，2014）；（2）政策与立法：缺乏顶层设计，相关法律法规和协调机制落后，立法层次偏低；（3）市场与运营体制：资金投资不足或不合理，部分保护地经营模式国有企业垄断现象严重；（4）社区与社会机制：划建范围涉及大量集体土地，限制了社区发展，矛盾突出（翟洪波，2014）；教育、志愿者等公共参与合作机制缺失。

上述问题的解决，重中之重在于：（1）如何处理好中央政府与地方政府之间的关系；（2）不同政府部门之间的关系；（3）资源保护与旅游发展之间的关系；（4）国家公园用地与周边土地之间的关系；（5）立法机构、行政机构和民间团体之间的关系；（6）管理者与经营者之间的关系；（7）国家公园管理机构与民间保护团体之间的关系（耿国彪，2014）。这是我国国家公园体制建设必须面对的问题，也是既有经验学习的重点所在。由于我国国家公园体制构建具有其特殊性，故本章从问题导向入手，根据各国家和地区的国家公园特点辨析出适用于我国国家公园治理体系建设的经验教训。

4.1　管理组织架构的经验

4.1.1　美国

　　1916 年，马瑟成功组建了国家公园局，制定了以景观保护和适度旅游开发为双重任务的基本管理政策。同时，积极帮助扩大州立公园体系以缓解国家公园面临的旅游压力，并在美国东部大力拓展历史文化资源保护方面的工作，从而使美国国家公园运动在美国全境基本形成体系。如今，美国国家公园采取的是典型的中央集权型管理体制，形成了国家、地区、公园的三级垂直管理体系。在国家层面上，最高行政机构是内务部下属的国家公园管理总局，总局局长由内务部部长指派、参议院认可。总局有 5 个职能部门，另有 2 位副局长，在地区层面上，总局设立了 7 个地区局作为国家公园的地区管理机构，每个地区局负责管理若干个州。总局局长、2 位副局长、5 位职能协理、7 位分局局长共 15 人组成国家公园领导委员会。在公园层面上，各个国家公园实行园长负责制，由园长负责公园的综合管理事务。公园所在地的地方政府无权干涉国家公园管理局的管理。公园的设计规划也是由国家公园下设的设计中心全权负责，防止违反规划的情况发生（杨锐，2001；王蕾和苏杨，2012；王辉等，2015）。

4.1.2　日本

　　按照日本《自然公园法》，日本的国家公园事务由环境大臣进行监督管理，并通过环境省自然环境局国立公园科以及环境省在各个地方设置的自然保护事务所对法律的实施细则进行落实，是典型的中央与地方结合型治理体系。设计自然公园需要包含候选地申报、审议、指定、管理等执行程序。事实上，日本所有知名的自然风景地的申报与审议工作已经在自然公园发展初期完成。审议认定这些地区足以代表日本自然风景及特殊自然区域，结果提交给厚生大臣，并由其公布这些国立公园的地区及范围。随着公众对自然公园的需求度逐年上升，经审议会审定，有些次一级的地区会被指定为国定公园。除此以外的那些知名度不是很高的自然风景地，则依照《自然公园法》由其所在的都道府县相关机构审议和指定。

　　对其管理由国家环境省与都道府县政府、市政府以及国家公园内各类土地所有者、民间组织等密切合作进行，在 11 个国家公园和野生物种办公室下现有 55 个公园管理站，准国家公园和都道府县自然公园由有关的市政府和都道府县政府管理。日本国立公园的管理人员包括环境本省、地方环境事务所和自然保护官事务所有关人员，共计 250 人左右。

4.1.3　德国

德国是一个联邦共和制国家、联邦政府与各州政府之间有明确的分工。按照德国宪法规定，自然保护相关的法律应由联邦政府来制定，构成各州相应立法的框架条款；各个州基于联邦法律框架条款，形成州政府一级的法律法规，真正发挥出法律效力。州政府在实施联邦法律过程中，享有一定的自由裁量权，但是要遵从联邦法律的基本内涵。德国国家公园是典型的地方政府主导型，国家公园的成立与否要首先通过州政府的批准，州政府通过国家公园立法指定州一级的国家公园主管部门，由该主管部门依法组建国家公园直接管理机构，并负责国家公园规划审批。国家公园管理机构设有行政管理部、发展管理部、自然保护和科研部、公共关系和休憩宣传部 4 个部门。

4.1.4　加拿大

加拿大实行中央集权和地方自治相结合的管理模式，联邦国家公园和省立公园的管理体制有所差别。联邦政府设立的国家公园，实行垂直管理体制，一切事务由联邦遗产部国家公园管理局负责，与公园所在地没有任何关系，其最高决策机构是国家公园管理局执行委员会。国家公园管理局在全国设立了 32 个现场工作区域，负责各种政策项目的运转，还在全国设立了 4 个服务中心。虽然不受所在地政府管理，但联邦国家公园在管理上会征求所在省的意见。此外，尽管保持了极高的独立性，但联邦国家公园与其他部门也在部分事务上保持紧密合作。比如在国家公园的防火问题上，全国 10 个省 3 个特区及国家公园管理局共 14 个部门共同承担防火管理工作。主要负责部门是联邦自然资源部下设的林务局，林务局内设有计划局、科技局和国际合作局，科技局有专人负责协调森林防火科技、培训工作，而具体防火、扑火工作由各省负责。省立公园由各个省政府自己管理，不接受联邦国家公园管理局的指导，各省的管理机构名称也不同。

加拿大十分重视国家公园的规划设计工作。新建立的公园必须在建立之后五年内做出建设与管理规划，并每隔五年调整或重新制订计划。管理计划必须陈述公园的建设与管理目标，以及实现这些目标的手段和策略。国家公园管理局根据该计划监督和考核各个公园的各项业务活动。和其他国家相比，加拿大国家公园具有重视公众参与和环境影响评估两个特点。例如，班夫国家公园设有专门的公共协调员，负责收集公众意见并参与公众谈判。

在管理上，加拿大国家公园实行分区管理制度。具体做法是，将公园范围内的陆地和水域按照需要保护的情况和可对游人开放的条件，以资源状况划分为不同区域，通常包括特别保护区（保护为核心，禁止公众进入，无机动车道）、原野区（保持原有自然景观，可建设人行小道和宿营地，并进行考察、远足活动）、自然环境区（禁止机动车辆进入，但是提供户外娱乐活动，有少量服务设施）、户外游憩区（允许机动车辆进入，旅游、娱乐设施完备）、公园服务区（专门为游人提供服务）五个区。加拿大国家公园非常重视公众（特别是原住民）在公园管理中的作用。

4.2　政策与立法经验

4.2.1　美国

美国的遗产保护建立在较为完善的法律体系之上，几乎每一个国家公园都有独立的立法，国家公园管理局的设立及其各项政策也都以联邦法律为基础。美国国家公园的法律体系包括国家公园基本法，各个公园的授权法、单行法、部门规章，以及其他相关的联邦法律。1916年，美国国会颁布了《国家公园基本法》，它是国家公园体系中最为重要和核心的法律。每一个国家公园还有针对自己的授权性立法文件，这些授权法规定了该国家公园的边界、重要性以及其他适用于该公园的内容。美国国家公园管理局还根据《国家公园基本法》的授权制定了很多部门规章，这些部门规章会涉及更详细的、如何做的问题。其他联邦法律，如《国家环境政策法》《国家史迹保护法》《濒危物种法》《原野法》《自然与风景河流法》等，也对国家公园管理产生影响（王辉等，2015）。

4.2.2　日本

日本国家公园制度正式创立的标志是1931年日本政府出台的《国家公园法》。虽然该法制定的目的众说纷纭，但是其保护自然风景区并满足国民使用的主旨是坚定的。日本政府于1950年导入了准国家公园制度，即国定公园制度，希望通过振兴旅游业促进国家经济的恢复与发展。1957 年，在《国家公园法》的基础上颁布了《自然公园法》，补充了对都道府县立自然公园的相关规定，从那时起确立了由国家公园、国定公园及都道府县立自然公园构成的自然公园体系。除《自然公园法》这一专门适用于国家公园建设管理的立法外，《文化财产保护法》《自然保护法》《濒危物种野生动植物保存法》《规范遗传基因重组方面的生物多样性保护法》《鸟兽保护及狩猎合理化法》等法规对国立公园中相关遗产资源保护和管理问题也有所涉及。总的来说，包括《景观保护条例》与《自然环境保护条例》以及上述相关法律条例在内，共同构成了日本国家公园自然保护和管理的法律制度系统，以便于相关从业人员与社会民众遵守与执行。

4.2.3　德国

德国从 20 世纪 70 年代开始的环境保护运动，促成了一系列环境立法的出台，包括 1972 年的《垃圾处理法》、1974 年的《控制大气排放法》、1976 年的《控制水污染防治法》、1983 年的《控制燃烧污染法》等，这为国家公园自然保护创造了良好的背景环境。就国家公园立法而言，在联邦层面，1977 年开始实施的《自然保护和景观管理法》（2010 年修订）第四章第 20 条对国家公园所需符合条件、建立目的、保护要求进行了规定。尽管规定的内容不多，但各个州在制定国家公园法律法规时均须基于这些内容。另外，国家公园大部分基于原有的州有林地，《森林法》相关条款也具有适用性，如德国的《森林法》规定，森林所有者无权拒绝游人入林，即使是私有林，人们也可以随意进入，步行者可以在恬静的森林里悠闲地娱乐和享受自然。

各州政府根据自身特点决定是否建立国家公园，以及制定特定国家公园的法律。根据《联邦自然保护法》（第 22 条第 5 款），各州建立国家公园需要咨询联邦环境、自然保护和核安全部以及联邦交通运输和数字基础设施部。每一个国家公园建立前均经过深入细致的讨论和公众意见征求过程，并由州议会通过。州国家公园法律框架基本类似，在具体管理条文方面有所差别。例如，巴伐利亚州《国家公园法》，包括国家公园要求和建立目的、规划与发展、保护与维护、组织机构、惩罚条款、其他条款六大部分内容，其中，第一部分国家公园要求和建立目的呼应了联邦《自然保护和景观管理法》的框架条款。

4.2.4　加拿大

加拿大国家公园的管理主要通过国家、省、地区和市四级政府制定的相关法律法规来进行。1930 年，加拿大颁布《加拿大国家公园法》，它是唯一由联邦立法确定且以生态保护为核心的法律。国家公园的管理还需要依据诸如《野生动物法》《濒危物种保护法》《狩猎法》《防火法》《放牧法》等法律，以及《加拿大国家公园管理局法》《加拿大遗产部法》等规范国家公园管理机构的法律。每个省也都制定了省立公园法案等法律，对本省省立公园的建立目的、建立程序、公园管理、公众参与等事项进行规定（申世广和姚亦锋，2011）。

4.3　经济与运营体制经验

4.3.1　美国

1965 年，美国通过了《特许经营法》，要求在国家公园体系内部全面实行特区经营制度，即公园的餐饮、住宿等旅游服务设施向社会公开招标，相关服务由中标机构负责提供，国家公园管理机构则专注于自然文化遗产的保护与管理，形成了管理者和经营者角色的分离，避免了重经济效益、轻资源保护的弊端。

美国国家公园实行严格的"管理与经营相分离"的制度。公园自身不能从事商业活动，只能采取特许经营的办法委托企业经营。在经营目标上，生态保护是首要目标，观光游览是次要目标。国家公园宁可牺牲部分观光价值，也不能损害生态保护目标。美国国家公园的日常开支主要来自于联邦拨款。门票及其他收入也是国家公园的重要收入来源，这些门票全额上缴联邦财政，国会再返还门票用于国家公园的建设和维护。社会捐赠和特许经营收入也为国家公园运行提供了部分运行经费（王欣歆和吴承照，2014；韦夏婵，2003）。

4.3.2　德国

基于国家公园公益性考虑，德国所有州的国家公园均不收门票，采取收支两条线，保护管理费用由州政府承担。德国国家公园设有专门的部门负责与企业的合作，通过授权国家公园标签的方式，向企业收取适当的字样使用权资金。

4.3.3　日本

日本禁止公园管理部门制订经济创收计划。因此，国家公园中除部分世界文化遗产和历史文化古迹等景点实行收费制外，其余皆不收门票。运营经费主要来源于国家拨款和地方政府的募捐。例如，尾濑国家公园目前由尾濑保护财团对公园进行统一管理。作为一个将保护作为事业中心的非营利性组织，尾濑保护财团主要负责国家公园内游客引导、游览解说、游客中心服务和厕所卫生等事务的管理。

4.3.4　加拿大

加拿大国家公园以联邦资助为主，兼有多种类型的收入渠道。1994 年前，加拿大国家公园基本完全依赖于中央财政的支持，国家公园管理局作为中央政府下的行政机构，对各个国家公园统一管理。这种模式造成了资金使用效率低下、公园管理者缺乏激励、经营缺乏灵活性等问题。1994 年之后，加拿大政府对国家公园管理体系进行了改革，引入了市场机制，激励国家公园管理部门提高效率，减少对国家财政的依赖。目前，政府资助仍然是加拿大国家公园的主要资金来源，但各公园也通过门票、设施使用费、特许经营费、租金等多种渠道获得资金。

在土地利用方面，国家公园管理局可以出租、转让或特许的方式为旅游者和当地居民建设必要的服务设施。租借者需要缴纳一定的租金。租借到期后，如果租用地不改作他用，国家公园管理局和租借者可签订一个新的协议，并继续租借。

4.4　社会机制经验

4.4.1　美国

美国国家公园的社会机制包括员工机制、志愿者制度、社会捐赠、环境教育等。

员工机制。早期，随着罗斯福新政的展开，国家公园管理局接到另一个使命：缓解经济危机。在国家公园管理局的监督下，公民保护队雇用了成千上万的年轻人，在国家和州立公园中从事大量的保护、复原和重建活动。这对国家公园管理局有着深远的影响，许多保护队所雇用的人员一直留在了国家公园管理局，成为专业人员。

志愿者机制。许多研究学习中心在全国范围内为公众提供科学数据采集的机会，被称为公民科学。公民科学欢迎各个年龄段的志愿者以及一些很少或者没有接受过专业科学训练的志愿者。公园治理者制订科学合理的项目信息，然后培训志愿者相关实用技术收集项目信息。目前，活跃在全美各地国家公园管理单位中的志愿者，有在读学生、青年人、小家庭和社团组织成员。志愿者不限于美国民众，只要有心卫护公园价值，国际游客也可以申请加入国家公园志愿者队伍。

社会捐赠机制。约翰·缪尔通过组建山岳俱乐部，倡议创建国家公园，除文化与知识界外，企业界的社会名流在国家公园体系扩展过程中也扮演了积极的重要角色，如实业家洛克菲勒等以捐赠的形式为国家公园购置私有土地，同时捐款修建了一批公园博物馆等。为了支持创建公园，教堂信徒和旅游信差都争相参与捐款，当地小学生掏空钱罐，无现金的居民认购抵押债券。1969 年国会通过《公园志愿者法》，鼓励普通民众参与国家公园的部分管理事务，包括保护公园的资源及其价值，改善公共服务，优化公共关系，为游客提供公园学习与体验机会。

教育机制。专职讲解是实现这些价值的重要手段。公园内设立的博物馆、游客（教育）中心和书店，百科全书式地展示了该地公园单位的自然与历史文化资源价值，为访客在理解公园价值的基础上培育保护意识，创造寓教于游、化游为学、变学为用的情景式互动体验（王辉等，2015）。

4.4.2　德国

德国国家公园的管理制度强调社区的参与。尽管德国国家公园范围内基本为州有土地，国家公园内部也基本没有常住居民，但是由于区域人口密度高，开发历史悠久，国家公园里面仍然涉及一些私有林地，也存在很多的传统使用方式，如采集蘑菇和蓝莓、放牧、山地滑雪、伐木等。而国家公园的建立，要求尽可能大面积地保持荒野状态，让自然过程自然发生，需要控制甚至禁止这些传统资源利用方式。因此，德国从建立第一个国家公园开始，国家公园与地方民众之间就存在矛盾冲突，1997 年，甚至成立了"国家公园相关人士联邦联合会"，由 40 多个区域联合会组成，反对以国家公园为名将他们所熟知的自然景观转变为不受人为干扰的荒野。为加强民众参与，缓解矛盾情绪，国家公园在选址、民众各类担心的问题和疑惑上都会在专门网站予以公布，如树皮甲虫控制、气候与能源问题、对伐木就业岗位的影响、对农业经济的影响等。不仅如此，一些公园还会举办公益活动，如"夜间步行活动"。国家公园的建立收到了大量社会公众的捐赠。

4.4.3　日本

相比美国等地，日本国家公园的土地国有率较低，而且有些地方的土地即便是国有，也往往分属不同部门，可以说日本国家公园的权属问题比较复杂，因此不利于统一管理。

针对此种情形，国家公园通过一定程度规范化的管理，对自然公园内旅游活动内容、范围做出非常严格的规定，并对公园的交通系统、基础设施和各种户外活动等制定明确详细的规划和要求，在发挥国家环境省主导作用的同时，充分调动地方政府、特许承租人、科学家、当地群众的积极性，促进不同部门、部门间及人群的共同监督与管理（马盟雨和李雄，2015）。

为了保持日本国家公园完整的生态系统和秀丽的风光，国家公园内控制各类人类活动。除非得到国家环境省省长的批准并领取了执照，许多对自然环境有影响的人类活动都禁止在国家公园内进行。1974 年，日本国家环境厅自然保护局对在国家公园的四种区域内从事开发活动的惩罚给出了详细规定。

不仅如此，日本政府还通过民间团体和市民的积极参与来推进公园管理，并创设"公园管理团体"的制度，将每年 8 月的第一个星期日定为"自然公园清扫日"，届时号召各地方团体对自然公园进行义务清扫，通过此种方式来保证自然公园地区的美化与清扫工作。此外，1959 年至今，每年的 7 月 21 日至 8 月 20 日，全国各地都会举办以"亲近自然"为主题的自然公园大会，把国定公园和国立公园作为举办场地，并由相应的自然公园管理部门与国立协会主办。国家通过每年举办这类活动号召公众积极参与到自然公园的美化工作中，不仅有助于自然公园的管理，也能促进提升公众保护自然、认识自然的意识。

4.4.4　加拿大

加拿大国家公园建设非常重视与原住民的合作，在公园管理中与原住民形成伙伴关系。例如，在遴选"自然地理区域"时，原住民对该区域的威胁程度就是重要的考虑因素。如果确定需要在土著居民的生活区建立国家公园，国家公园管理局将与土著居民协商，划出土著居民可以利用资源的范围，并预留出相关区域，使得土著居民可以进行传统的生计活动。例如，2005 年，托恩盖特山脉国家公园就是在拉布拉多因纽特土地权利协定的基础上成立的，协定保护拉布拉多因纽特人对土地、资源的自我管理权，确保因纽特人能够继续使用土地和资源以延续其传统活动，并维系其与土地和生态系统的独特关系。但是，大规模和掠夺性的资源开发行为仍然是不被允许的（刘鸿雁，2001）。

4.5　国家公园治理的经验和对我国的启示

4.5.1　国家公园治理的经验简要

现行的国家公园管理体制可从事权层级和部门分权两个维度进行分类。从事权层级维度来看，国家公园管理体制可大致分为三种：（1）以美国为代表的中央主导型，国家公园由中央专门机构统一规划和垂直管理，即地方政府无权介入国家公园管理，每个国家公园管理局的管理人员以管家或服务员的角色为全体国民守护自然文化遗产；（2）以德国为代表的地方主导型，如德国和澳大利亚国家层面只负责立法和层面上的工作，国家公园的建立和管理主要由地方政府负责。德国联邦政府于 1987 年颁布的《德国自然保护和景观管理法》中规定，可以建立自然保护区和国家公园等六种不同类型的保护区原则，但是国家公园的建立主要是由各州议会决定，各个国家公园管理机构直接对州林业部门负责；（3）以日本、加拿大为代表的中央地方相结合型，由中央政府立法和监督，中央和地方政府会同社区居民共同管理，如日本的自然公园中央层面由环境省负责管理，环境省与都道府、县政府、市政府以及国家公园内各类土地所有者密切合作进行管理，日常的管理由地方政府、特许承租人、科学家、志愿者和当地群众组成的自愿队伍完成。从部门分权维度来看，国家公园管理体制可归为两大类：（1）以美国为代表的资源部门管理型，即以自然生态资源产权归属为基础，美国国家公园管理局归属于统筹管理所有联邦政府土地的内政部；（2）以日本为代表的环境部门管理型，即日本环境省内部设有自然环境局国家公园科。另外，有些国家将国家公园设立在农林部门，如芬兰在中央政府设立了国家公园管理局，接受农林部领导；泰国国家公园由国家林业厅内设国家公园处，对国家公园进行垂直管理。

资金机制是国家公园统一、规范、高效管理体制的基础，资金机制必须与经营体制同步调整，且未来的资金机制必须由中央政府承担更多的事权才可体现全民公益性。从资金保障机制看，国外国家公园的运行费用主要来自各级政府的预算，如美国的被纳入联邦政府财政经常性预算，德国的被纳入公共财政统一安排，原则上是国家公园的土地归哪级政府所有，国家公园就由哪一级政府负责。国家公园门票一般采取低价或免费的方式。从经营机制看，世界上各国国家公园的经营机制基本上都是管理权和经营权分离，管理者自身的收益只有来自政府提供的薪酬，国家公园门票收入直接上交国库，采取收支两条线的财务管理模式，即大部分国家公园均不存在营利性活动，但只要存在营利活动的，大都实施特许经营。

案例国家的国家公园管理机制各不相同，但总体上都有明确的相对独立的管理机构及系统统一的管理标准。在法律体系上，各国国家公园的管理都是以健全和完善的法律、法规体系为依据，都有专门的国家公园法律，且美国和德国还有针对每个国家公园的单行法。在资金来源上，各国的资金来源都有三种方式：政府财政拨款、公共营业收入和社会捐赠。在公众方面，各国都极为重视公众参与管理，只是参与主体和方式有所不同。在美国，参与管理的主体有社区居民、政府、非政府机构、旅游者和私人企业等；在加拿大，由于一些国家公园与原住民的保留地重合，园内的原住民积极参与国家公园的巡护工作，且原住民文化保护在国家公园受到高度重视；在德国国家公园管理中，社会公众一般为相关的政府和非政府组织。

4.5.2　对构建我国国家公园的指导意义

尽管国际上的国家公园建设已经积累了丰富的管理经验和最佳实践，但我们在吸取经验的同时仍要保持警惕，不能一味地迷信与盲从，因为不同国家的国家公园的筹建历史、公园筹建理念以及后来衍生的政府监管机制、市场机制与社区机制都与各国的具体国情息息相关。在吸取国外经验时，需要参照我国与其他国家具体情况的同质性与差异性，进而做到"取其精华，去其糟粕"。

我国的国家公园试点所在地区的现状是人口众多，社区矛盾突出；旅游业发达，运营企业一家独大，旅游收入为地方政府财政收入的主要来源，导致政府、市场和社区之间缺乏有效的协调机制；行政破碎化、生态破碎化、产权关系混乱等现象较普遍。只有对以上问题做清晰考量，才能合理地吸收借鉴国外先进经验。首先，在社区问题上，我国与美国、加拿大等地最大的不同是人口密度巨大。据不完全统计，在我国明确分区的1800 个保护区中，原住民达 2000 万人。在这种情况下，如果我国一味地效仿"荒野化"的无人区保护地治理模式，试图弱化社区管理的合法性，不尊重历史，往往会使社区变为环境保护的最大阻力，尤其是在一些高度依赖地方资源的社区。不仅如此，这种模式也可能损害原有的人与自然间既有的共生模式。西双版纳勐养保护片区建立后，由于禁止人类活动，野象反而没有了食物来源。其次，在政府协调机制问题中，我国资源权属部门，如林业部门、水利部门等都已在资源环境保护工作方面取得了较大的成就，我们不能否定而是要尊重其内在有效的协调机制，但中央政府应该洞察地方各级政府与各保护部门的冲突，在经济增长与生态文明的双重压力下，地方政府也举步维艰。在这种特殊的体制机制下，国家公园的顶层设计势必不能如美国或德国等国家，中央或地方政府独大，中国的国家公园政府组织机构应借鉴日本的经验，由政府主导，在资源保护与开发目标一致的前提下，充分调动地方的积极性。在市场机制问题上，各国均采取了管理权和经营权相分离的措施，且政府财政兜底，门票免费，体现全民公益性，并适当开放特许经营，这将是我国市场机制改革的必经之路。在公众参与机制方面，我国则可以向各个国家充分学习，因为无论在志愿者机制、捐赠机制，还是科研合作、教育解说机制方面，国外都已经取得了非常先进的经验。

第 5 章　中国国家公园治理体制顶层设计

在研究过程中，研究团队发现业界普遍反映国家公园试点缺乏顶层设计，这多指国家公园主管部门、资金、执法权等体制安排问题，也涉及机构行政级别、内部机构与人员设置、机构具体职责等次级事务的安排。这些事务当然很重要，在依法治国的总体要求下，研究团队认为国家公园体制建设需要置于新时期中国特色社会主义建设的大背景下来考察。在生态文明体制的建设过程中，中央政府为解决我国生态环境面临的重大问题，将面临全新的挑战。为此，新的解决方案需要通过上下联动的改革探索，需要地方政府开拓思路、敢于改革创新、勇于承担一定的风险，需要理论界、政策界齐心协力，把基层改革好的办法上升到直面国家重大问题的理论创新和政策设计。改革成功与否取决于中央政府、地方政府、知识界、民间组织、社会团体勠力同心的创造精神，而不是简单照搬国际经验，照抄其他地方的改革实践，空谈论道。

5.1　国家公园治理体系建设行动指南

我国国家公园体制探索必须从习近平新时代中国特色社会主义思想中寻求理论的逻辑和实践的指南。党的十八大以来，以习近平同志为核心的党中央紧密结合新的时代条件和实践要求，以全新的视野深化对中国共产党执政规律、社会主义建设规律、人类社会发展规律的认识，进行艰辛理论探索，创立了习近平新时代中国特色社会主义思想。第十九次全国人民代表大会确立了习近平新时代中国特色社会主义思想，并将之写入党章。

习近平新时代中国特色社会主义思想明确了新时期中国特色社会主义总任务为"实现社会主义现代化和中华民族伟大复兴"，总目标是"在全面建成小康社会的基础上，分两步走在本世纪中叶建成富强民主文明和谐美丽的社会主义现代化强国"，为新时代坚持和发展中国特色社会主义规划了宏伟蓝图。中国特色社会主义建设的总体布局指的是包括经济建设、政治建设、文化建设、社会建设、生态文明建设的"五位一体"总体布局；战略布局指的是包括全面建成小康社会、全面深化改革、全面依法治国、全面从严治党的"四个全面"战略布局。

生态文明建设与经济建设、政治建设、文化建设、社会建设一道成为坚持和发展中国特色社会主义的"具体方略"。在生态文明建设领域必须"坚持人与自然和谐共生"，坚定走生产发展、生活富裕、生态良好的文明发展道路，加快生态文明体制改革，建设美丽中国。

生态环境成为国家发展的短板，成为人民生活的痛点。要补齐这块短板，治愈这一痛点，一方面要加强生态文明建设，另一方面要加快生态文明体制的改革。考虑到生态文明体制缺乏顶层设计的情况，总体来看，生态文明体制改革相对滞后，至少是滞后于经济体制改革。2015 年，党中央、国务院专门制定了《生态文明体制改革总体方案》。此后，生态文明制度体系加快形成，自然资源资产产权制度改革积极推进，国土空间开发保护制度日益加强，空间规划体系改革试点全面启动，资源总量管理和全面节约制度不断强化，资源有偿使用和生态补偿制度持续推进，环境治理体系改革力度加大，环境治理和生态保护市场体系加快构建，生态文明绩效评价考核和责任追究制度基本建立。涉及自然资源管理的部门几乎都各自设置了自己管理的保护地，数量很多、面积很大，但监管不到位，有些形同虚设。习近平总书记先后于 2015 年在 12.31 万平方千米的三江源、2016 年在 1.46 万平方千米的东北虎豹、2017 年在 2.71 万平方千米的大熊猫、2017 年在 5.02 万平方千米的祁连山等 4 个国家公园亲自审定了体制试点方案，要求保护这些区域自然生态系统的原真性、完整性，目的就是把总面积 21.5 万平方千米的国土还给自然，把全国 2%的国土空间还给大熊猫、东北虎、藏羚羊，给子孙后代留下更多净土。空间性规划存在交叉重叠的问题，一块国土，可能被不同的部门规划成不同的用途。空间治理体系是国家治理体系的重要组成部分，但如何进行空间治理，必须要有统一、完整的空间规划作为依据。部分地区开展"多规合一"试点，一个市县一本规划、一张蓝图，最后才能实现一张蓝图绘到底。

党的十九大再一次吹响了加快生态文明体制改革、建设美丽中国的号角。要补上生态环境这块最大短板，提供更多优质生态产品，满足人民群众日益增长的优美生态环境需要，使我国天更蓝、水更清、山更绿，使人们能够看得见星星、听得见鸟鸣，真正实现人与自然的和谐共生。

　　我国国家公园体制建设是我国生态文明建设的排头兵和攻坚手，也是十九大要求的"必须坚持和完善中国特色社会主义制度，不断推进国家治理体系和治理能力现代化"的突击手。我国国家公园体制建设要宏观、动态、全面把握习近平新时代中国特色社会主义伟大实践的基础上开展改革试点和理论、管理模式创新。从治理角度看，这些模式创新包括政府管理、机构设计、产业开发、社区发展和生态保护（图 5-1），落实主体功能区战略和制度，严守生态保护红线，以加强自然生态系统原真性、完整性保护为基础，以实现国家所有、全民共享、世代传承为目标，理顺管理体制，创新运营机制，健全法制保障，强化监督管理，构建统一规范高效的中国特色国家公园体制，建立分类科学、保护有力的自然保护地体系。

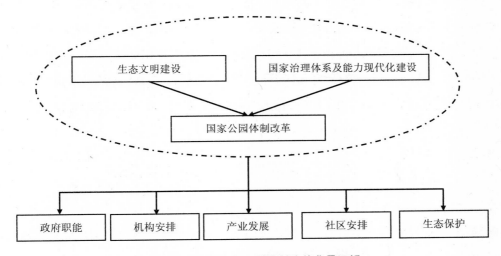

图 5-1　我国国家公园体制改革背景逻辑

5.2　国家公园体制建设政策脉络

　　2013 年十八届三中全会国家正式提出"坚定不移实施主体功能区制度，建立国土空间开发保护制度，严格按照主体功能区定位推动发展，建立国家公园体制"。

　　2015 年 5 月，国家在《中共中央　国务院关于加快推进生态文明建设的意见》中提出"建立国家公园体制，实行分级、统一管理，保护自然生态和自然文化遗产原真性、完整性"。

2015 年 9 月，《生态文明体制改革总体方案》进一步提出"建立国家公园体制。加强对重要生态系统的保护和永续利用，改革各部门分头设置自然保护区、风景名胜区、文化自然遗产、地质公园、自然生态系统公园等的体制，对上述保护地进行功能重组，合理界定国家公园范围。国家公园实行更严格保护，除不损害生态系统的原住民生活生产设施改造和自然观光科研教育旅游外，禁止其他开发建设，保护自然生态和自然文化遗产原真性、完整性。加强对国家公园试点的指导，在试点基础上研究制定建立国家公园体制总体方案。构建保护珍稀野生动植物的长效机制"。

2015 年 10 月，《中共中央关于制定国民经济和社会发展第十三个五年规划的建议》在"加快建设主体功能区"部分中着重强调了要"整合设立一批国家公园"。

2017 年 9 月 26 日，中共中央办公厅、国务院办公厅印发《建立国家公园体制总体方案》。这个方案在总结试点经验的基础上，借鉴国际有益做法，立足我国国情，明确规定了国家公园体制建设的总体要求，国家公园的内涵，管理体制、资金制度、自然资源管理制度、社区协调发展制度和保障制度，阶段性结束了我国国家公园建设存在的纷争，统一了思想和认识，明确了国家公园建设的战略和方向、具体的路线图。

5.3　国家公园治理体系建设主要方向

《建立国家公园体制总体方案》在一段时间内将是我国国家公园体制建设的纲领性文件。在总体方案的指引下，建立起政府管制、政府协调与市场机制、社区机制和社会机制相统一的国家公园治理体系在未来相当长时间内将是我国国家公园建设的重点工作。坦诚地说，国家公园治理体系建设不是设计出来的，而是不断试验出来的。尽管国家公园的战略、目标、使命类同，中央政府提供的制度供给也一样，但不同的地方，政府、社会、市场、社区的关系不可能完全相同。政府、社会、市场、社区不同行为主体类型十分复杂，涉及制度供给、地方文化、资源禀赋和特性等众多变量，也涉及这些行为主体针对不同的资源管理活动可能采取协调、合作、博弈、冲突的行动，进而形成制度化的安排，推动某一个国家公园治理体系形成。受限于国家公园试点实践的缺乏，研究团队只能基于某些重要的改革方向和措施，探索构建适合我国的国家公园治理体系。

5.3.1　政府职能调整方向

我国生态环境出现的问题，且有些问题长期得不到解决，有其复杂的原因。第一，政府缺乏管理市场中"野蛮人"的经验和知识，缺乏相关的法律支持和执法的能力。第二，监管体制不力，尚没有彻底有效的办法杜绝政商勾结；不良的政商关系会扭曲甚至抑制环境友好的市场机制。有些市场行为，或是违法的，或稍微有些常识的人都能判断会极大地伤害自然生态系统，或为追求短期经济利益的不可持续开发行为，难以得到有效的治理，在局部地区还呈现为不断恶化的趋势。这与一段时期以来我国各地追逐"GDP 锦标赛"成功的大环境相关，和执政党内出现腐化变质现象相关。党的十八大以来，随着生态文明建设越发深入，反腐倡廉取得了重大的胜利，政商勾结现象得到大幅度的降低。第三，长期以来，我国社会机制成长环境不佳，党和政府重视不够，因此发育不良，社会机制没有起到应有的作用。第四，我国丰富多彩的社区机制长期被忽视，并深受市场化、全球化和自由化的打击，我国社区机制渐趋式微。在生态环境治理方向，总体上讲，市场机制、社区机制和社会机制没有发挥应有的作用，因此绝不能因我国自然资源和生态环境管理出了问题，就力图整体上增强政府的作用。研究团队意识到在国家公园机制建设的辩论中，有非常多的声音要求强化政府的作用，尤其是中央政府管制的责任、财政转移支付的责任；但研究团队认为这些提法偏离了国家治理体系建设和生态文明建设总体方向，过度将希望寄托于政府，忽视了市场、社区和社会的不同力量所起的作用。研究团队进一步提出，政府一定要设法从管不好、管得好但成本高的事务中退出来，以腾出尽可能多的空间让市场、社区和社会组织有机会进入其中。总体来讲，在我国自然资源管理和生态环境建设上，政府在整体上需要退出，而不是直接不计成本地收回来演变成政府权力。然而，政府能力在下列方向上需要进一步的增强。

1. 增强中央政府直接管控的能力

（1）重建中央自然资源资产管理和生态监管机构

党的十九大报告指出：加强对生态文明建设的总体设计和组织领导，设立国有自然资源资产管理和自然生态监管机构，完善生态环境管理制度，统一行使全民所有自然资源资产所有者职责，统一行使所有国土空间用途管制和生态保护修复职责，统一行使监管城乡各类污染排放和行政执法职责。

我国的生态环境行政管理体制，是在传统的土地、自然资源国有和集体所有制框架下，以及计划经济体制和资源开发计划管理体系下逐步建立起来的。伴随市场化改革和生态环境问题的不断出现，逐步发展形成现在的以政府主导和行政管理为特征的分散化管理体制，具有统一管理与分级、分部门管理相结合的特征。在中央政府层面，我国的生态环境职能横向配置上有两大特征。一是职能相对分散。自然资源和生态保护职能按资源门类分散在国土、水利、农业、林业等部门，虽然有利于根据资源属性进行专业管理，但也与生态系统的完整性有所冲突。二是开发与保护往往由一个部门管理，导致缺乏制衡的部门格局，而且资源和环境的商业属性与公益属性没有做明确区分，未对各类资源进行分级分类管理，产权归属不清、权责不明，资产管理和行政监管纠缠在一起，公益性资源的利用和保护的监管明显缺位。从我国过去的经验看，这种体制安排容易导致"重开发、轻保护"，尽管近年来保护优先的战略方针得以提出，但在实践中由于积重难返，短期内难以真正落地。

因此，需要充分梳理国土、农业、水利、林业等部门的自然资源资产管理职责，组建统一的自然资源资产管理机构，负责对土地等自然生态空间进行统一确权登记，对国有自然资源资产实行集中统一管理，行使国有自然资源资产所有者职责。在适当分离资产管理的基础上，根据所有者与管理者分开、开发与保护相分离的原则，组建统一的自然资源监督管理机构，负责国土空间规划、用途管制、执法监察、行政督察等。与此同时，还应在自然资源产权体制改革的基础上，把自然资源涉及的产权、市场、价格、税费等问题一并纳入、统筹考虑，确定总体改革框架及其优先序。国家自然资源资产管理体制的健全，将按照所有者和监管者分开和一件事情由一个部门负责的原则，整合分散的全民所有自然资源资产所有者职责，组建对全民所有的矿藏、水流、森林、山岭、草原、荒地、海域、滩涂等各类自然资源统一行使所有权的机构，负责全民所有自然资源的出让等。

（2）对地方政府政绩考核和督查

充分考虑科学性、系统性、可操作性、可达性和前瞻性的原则，建构生态文明建设指标体系，并将其中的部分指标纳入约束性指标指导地方政府发展规划的编制和政绩考核的依据。纠正单纯以经济增长速度来评定政绩的偏向。对于国家公园属地政府，应当加大其考核评价体系中资源消耗、环境损害、生态效益等指标的权重。

对领导干部实行自然资源资产离任审计，以领导干部任期内辖区自然资源资产变化状况为基础，通过审计，客观评价领导干部履行自然资源资产管理责任情况，依法界定领导干部应当承担的责任，加强审计结果运用。短期内通过强力的环保督查，影响地方政府的发展行为，强化资源环境管理的守土有责。长期来看，需要建立起有效的自然资源和生态环境变化或损益信息通达机制，彻底扭转资源环境管理领域运动式治理的被动局面。

（3）财政资金及转移支付

中央政府需要逐渐提高用于自然资源和环境保护财政支出的比重。一部分直接用于维护和改善自然资源的原生性、完整性，一部分采取激励相容的原则，以财政转移的方式支持地方政府实现全民公益性的自然资源管理活动。

中央政府需要制定合适的制度安排，以激励地方政策创新财政资金使用办法。中央和地方政府需要尽可能退出直接干预自然资源的管理和使用。尽可能释放出空间推动社区机制、社区机制和市场机制的发展，从社会组织购买服务，与社区组织协商共管协议，让市场发挥资源配置决定性的作用等，以保障逐步形成自然资源恰当的治理体系，实现自然资源可持续管理。在国家公园建设中，政府切忌权力冲动，切忌无限责任承诺。

完善生态保护修复资金使用机制。按照山水林田湖系统治理的要求，完善相关资金使用管理办法，整合现有政策和渠道，在深入推进国土江河综合整治的同时，应当协同考虑国家公园经营收入的转移支付和中央下拨生态保护修复资金的统合。

2. 提高各级政府的协调能力

提高各级政府上下级之间、政府各部门之间的协调能力，对国家公园的良好治理而言至关重要。基于治理的视角，地方各级政府在自然资源管理方面往往缺乏合适的组织架构、经验和知识来协调社会、社区和市场等主体之间的关系。从政府自身来看，上下左右协调有很大的改进空间，这其中不只存在知识与经验的问题，还需要对政府机构进行必要的改革，尤其是择机进行真正意义上的大部委制改革，大幅度精简政府机构，适当减少管理层级。

3. 改善地方政府治理能力

（1）克制甚至减少上级部门对基层（县级）部门的行政干预

县（市、旗）是我国基本政权单位，继承和发展中华民族优秀的治理传统，应当提高并充分尊重县级人民政府对地方事务的管理权限。我国国家公园体制建设重点和难点问题在社区，社区事务应当完全赋予县级人民政府。协调社会机制、市场机制和社区机制，建立起良好的国家公园治理格局，基本责任也在县级人民政府。政府不同机构协调工作的重点也应当在县级人民政府。各国家公园试点需要充分认识到离开县级人民政府，国家公园建设是不可能达成预期目标的。国家公园涉及跨县、跨省地界不宜重新调整县级管理权限,尤其是不宜设立新的直属上一级人民政府甚至是中央政府的基层行政管理单元。跨县、跨地区、跨省国家公园建设即使必须设立新的管理机构,也只能是一个协调机构,统筹发展规划,协调市场机制、社会机制和社区机制。中央和省不宜分享资源获益,如特许经营权,而只能通过法律法规和激励相容的制度设计来调节县级人民政府资源管理的方向。

（2）明晰县级人民政府权力和责任清单

应当全面梳理地方政府权力和责任清单,尤其是地方政府公共服务、市场监管、社会管理、环境保护等方面的职责,按照主体功能区划分,提高国家公园属地政府的服务能力。

（3）推动县级多规合一的规划

"多规合一"是指以主体功能区规划为基础,统筹整合城乡规划、土地利用规划、生态环境保护规划等各类空间性规划融合到一个区域上,实现一个市县一本规划、一张蓝图,解决现有各类规划自成体系、内容冲突、缺乏衔接等问题。

作为多规合一的试点县,浙江开化已经取得了一定的经验。其"空间规划"有机整合了县域总体规划、土地利用总体规划、环境功能区划等总体层面的规划,构建"1+X"的空间规划体系,实现了"一本规划管到底",有效避免了项目落地难等问题,极大地提升了政府的空间治理能力。

5.3.2　机构安排

1.　组建国家公园管理机构

国家公园作为自然资源管理体制改革的排头兵,需要在中央政府成立国家公园管理机构。探索中央政府对国有自然资源直接行使所有权。现有试点国家公园内的资源所有权现状较为复杂,社区、企业、地方政府等主体均有参与。因此,中央政府需要逐渐探索如何统合复杂的所有权,实现原真性、系统性的目标。

研究团队担心可能存在各国家公园试点单位过分在意试点国家公园行政级别的情况。我们认为,赋予国家公园行政级别可看作是一个权宜之计。跨省、跨地区、跨县国家公园管理机构应当逐步过渡为一个协调机构,行政授权事项越少越好,以防范"九龙治水"演变为"十龙治水",进一步降低行政效率。我国正在全方位推动生态文明建设和制度的建设,会彻底扭转不顾资源环境承载能力的发展方式,汇成建设美丽中国的强大洪流。国家公园治理体系需要突破针对当下资源管理存在的问题，而将国家公园管理架构着力于实现国家公园国家所有、全民共享和世代传承的目标。

2. 控制机构编制

应当严格控制国家公园管理部门的编制，严格按规定职数配备领导干部，可以依照"人随事走"的原则。尽可能不增加财政供养人员总量。推进机构编制管理科学化、规范化、法制化。

5.3.3　产业发展

1. 明确产业准入

明确产业准入负面清单，国家公园内部严禁一切开发建设行为。实现严格的环境影响评估制度，严格审慎规划和实施社区生活设施、经济发展活动、访客活动、特许经营活动、生态系统修复活动，对人文和自然生态系统敏感的活动都要密切监控，要形成预案，尤其是访客人数和访客行为的管理。

2. 优化市场效率

应秉承"放管结合"的原则，优化市场机制效率，采取特许经营权的方式，政府对特许经营主体进行监督。减少冗杂的政府审批，对保留的行政审批事项要规范管理、提高效率。

5.3.4　社区安排

1. 保障原住民生活生产

应当保障国家公园内部原住民生活生产的改善，探讨社区发展和生态保护相协调的机制，注重社区、政府、社会、市场等多主体的参与，坚守"农民利益不受损"的底线，保障社区的发展权。

2. 明晰产权

应当明确界定国家公园内部产权权属，同时应当坚守"土地公有性质不改变"的原则，明晰集体土地产权归属，实现集体产权主体清晰。

3. 创新土地管理制度

国家公园内农村集体土地管理和社区传统收益权调整将是一个十分棘手的问题。国家基本土地制度不宜动摇，只能对土地使用权进行适度的干预以实现生态系统的原生性和完整性。远期来看，国家公园内社区人口对自然资源的依赖程度会逐步下降。

对国家公园内社区居民传统收益权和自然资源集体所有权的变革要有战略定力，不宜贸然探索政策路径，尤其不宜探索单纯以征收集体所有的土地的方式，以实现全民公益性的目标。在国家公园内，疏解非自然资源和生态保护功能，减人去产业化是必需的，不宜抬升当地居民依赖自然资源增加收入的期待，尤其是不能采纳按面积进行生态补偿的举措，这一举措会加剧农民对地权的看重，加剧地权冲突，长此以往，补偿数额的不断攀升也会给资金支持带来巨大负担。

显然，在试点国家公园内确实存在必须彻底扭转部分集体土地区域或地块的使用方向，停止当地社区对国有资源的传统使用方式。应当鼓励县级人民政府采取行政、法律和激励政策等相结合的综合措施予以落实。这些措施包括在无其他选择的前提下适度征收集体土地，赎买土地使用权，或者通过社区机制共享土地使用权（地役权）。集体土地征收要尽可能缩小土地征收范围，规范土地征收程序，要对被征地的农民合理、规范、多元地进行补偿。

5.3.5 生态修复和保护

国家公园内需建立严格的生态保护制度，国家公园内的自然资源禀赋绝不能降低。进一步深化国有林场改革，彻底扭转国有林场职工依赖森林资源获得生计的局面，彻底割断林业部门与森林经营收益之间的纽带，真正实现国有林国家所有。采取市场机制，包括特许经营或 PPP 模式，开展导向可持续管理和资源质量改善的经营活动，所有经营收益归县级人民政府所有。对于国家公园所属的生态环境，要坚持使用资源付费和谁污染环境、谁破坏生态谁付费的原则，要完善资源收费基金和各类资源有偿使用收入的征收管理办法，逐步扩大资源税征收范围。改革生态补偿制度，逐步退出基于面积的森林生态补偿机制和草原奖补机制，建立起上级财政转移支付与生态绩效挂钩的财政转移支付制度。

探寻市场化生态补偿机制。鼓励流域上下游，饮用水水源地和使用地建立起生态补偿机制。对依托良好生态环境的产业形态，如餐饮、地产、休闲养生等征收地方性税种。

扩大生态修复中央财政投资。在相当长时期内，国家公园内的生态修复任务十分繁重，且只能依赖中央政府的财政投入撬动生态修复工程。在我国国家公园管理机构发展尚未成熟前，国家公园管理机构尚不足以协调地方各个部门，为此中央政府应当以一般性财政转移方式将资金下拨县级人民政府，根据已经批复的规划开展生态修复工程。生态修复工程不宜由地方政府相关部门直接建设，而应当通过 PPP 和招投标对地方企业、通过购买服务对社会组织、通过项目下拨到社区催生市场机制、社会机制和社区机制。生态修复工程不是追求效率至上，而是把对协调平衡的政府、社会、社区和市场机制治理格局作为优先目标。

第 6 章　国家公园试点治理现状

6.1　国家公园现有治理结构分析框架

本章对现有试点国家公园的治理结构进行了抽样分析和梳理（图 6-1），概括了参与国家公园及相关的自然资源管理的行动者，并从央地机制、部门机制、市场机制和社区机制视角，分析了行动者之间的互动和行动者对自然资源的影响。

6.1.1　央地机制

中央政府是国家公园试点改革的主推者，而在现阶段，地方政府则是大多数国家公园试点区的实际管理者和协调人。在国家公园的治理层面，央地关系实际上可表述为中央赋予地方怎样的操作空间。而这一互动空间的上界是中央所能接受的地方实施方式的底线，中央通过不同的监督手段（如中央环保督查），对地方的自然资源管理方式进行监督，若发现地方有触及底线的行为，中央会进一步打压地方的操作空间作为反馈，当地方政府完成纠正，则互动过程完成。

6.1.2　部门机制

不同于央地机制的"块块"管理机制，部门机制是一种"条条"管理机制。不同部门虽然有着近乎同等的政治层级，但是有着不同的部门目标、依托法律和管理方式，这种现状被称为"九龙治水"。

然而在自然资源管理的体系中，对于自然资源代行产权的部门往往是作为自然资源的主要管理者，而其他依法介入的部门则作为监督者，因此自然资源管理的效度多由产权部门的管理水平所决定。

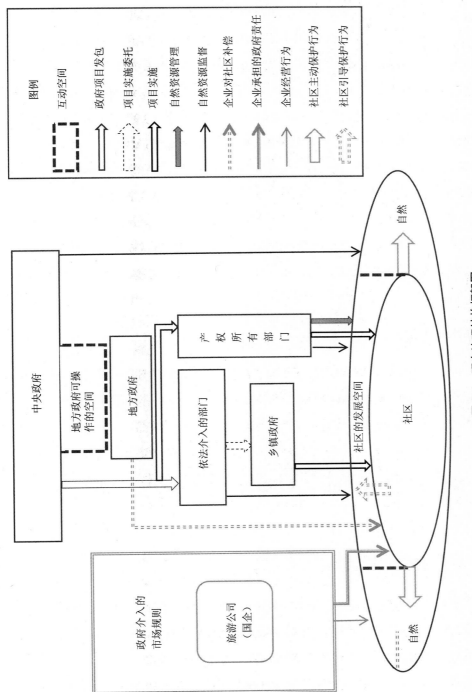

图 6-1　现有治理结构框架图

6.1.3　市场机制

在很大程度上，市场是资源保护和经济发展之间矛盾激化的最重要推手。而市场发展是地方政府、当地社区和外来投资者合谋的结果。在长城、武夷山和普达措，地方政府通过可以控制的企业推动了访客人数大幅度增长，这为当地社区介入旅游市场开辟了空间。市场的繁荣又进一步推高了服务项目的完善，延长了访客滞留的时间，构成了旅游业发展良性促进的图景。然而，这种发展超出了资源承受的能力。

目前，国家公园试点区的旅游资源在很大程度上是由商与政结合的国有企业来垄断经营。国有企业所面临的是政府所介入的市场规则和企业所需承担的政府职责。我们选择的三个案例，均属于这种类型，我们认为国有企业退出应当是学界和政界均可接受的方案。因此，在政府从市场中撤出的同时，国有企业承担了社区补偿、地方维稳等方面的事宜。对于国家公园现有的市场机制，应当全面地理解国有企业扮演的角色。基于此，方可提出市场机制进一步发育的路线图和具体措施。

6.1.4　社区机制

社区居民作为国家公园的原住民，对于当地自然资源的使用有着悠久的历史。社区对于自然资源的保护和管理，可以大致区分为两种：一种是政府引导的保护；另一种是社区内部衍生出的主动保护行为。

6.2　国家公园事权清单——云南省普达措国家公园试点区案例分析

6.2.1　普达措国家公园试点区简介

云南省迪庆藏族自治州基于少数民族地区地方立法于 2005 年 11 月成立香格里拉普达措国家公园，迪庆州政府将国家公园定义为"一个由政府主导并具有灵活性，对重要自然区域进行可持续发展和保护，世界各地广泛采用的有效管理体制；是一个能以较小面积为公众提供欣赏自然和历史文化，具有较好经济效益，能繁荣地方经济，促进科学研究和国民环境教育，并使大面积生态环境得到有效保护，达到人与自然和谐可持续发展的模式"。

普达措国家公园是"三江并流"世界自然遗产地的重要组成部分，其中的碧塔海属国际重要湿地。普达措国家公园距州府所在地香格里拉县城 22 千米，公园是在碧塔海省级自然保护区的基础上，整合"三江并流"世界自然遗产哈巴片区之属都湖景区、尼汝自然生态旅游村的自然及人文资源而建设的，具备国际重要湿地、自然保护区和"三江并流"世界自然遗产的特点。

公园总面积 602.1 平方千米，其中国有林占 78%，集体林占 22%。公园涉及 2 个乡镇、3 个村委会、23 个村民小组、785 户村户。

根据普达措公园自然资源的稀缺性、承载力及保护价值等特点，公园划分为特别保护区、荒野区、户外游憩区、公园服务区和引导控制区等 5 个功能区。

6.2.2 政府机制

随着普达措国家公园的建立，各个层级的管理者纷至沓来。如图 6-2 普达措国家公园管理架构图所示，既存在着司局级、县处级、科级和股所级管理单位，也存在市场主体。不同的管理主体，其事权、目标、责任自然也有着极大的不同。

依据政府部门是否直接参与自然资源的保护和利用，书中进一步将政府管理主体细化为地方政府和基层政府。

地方政府管理主体主要包括迪庆州普达措国家公园管理局、香格里拉市政府、迪庆州林业局、迪庆州住房和城乡建设局及州其他相关职能部门等；基层政府的管理主体主要包括建塘镇、洛吉乡两个乡镇政府，建塘、洛吉两个林场站和碧塔海省级自然保护区保护所等。

1. 地方政府

地方政府（部门）不直接参与国家公园的保护和利用，其主要的职权在于社区协调、建设审批、环境监督等。

（1）国家公园管理局

普达措国家公园管理局成立于 2005 年，原为碧塔海属都湖景区管理局，负责对属都湖和碧塔海景区进行资源整合，现对香格里拉普达措国家公园行使管理权。

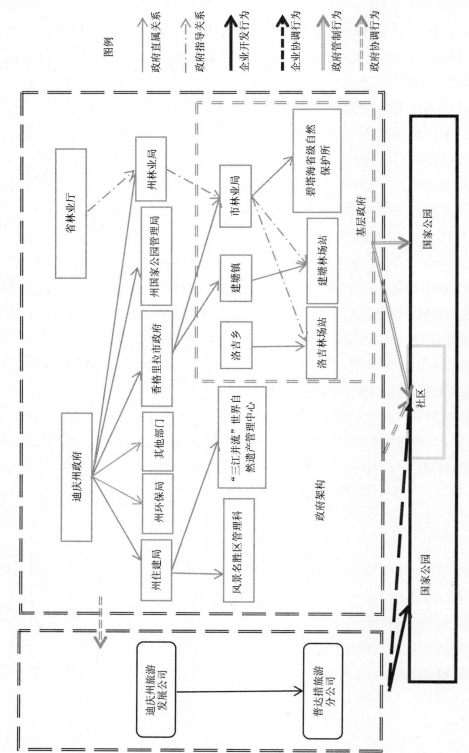

图 6-2　普达措国家公园管理架构图

　　普达措国家公园管理局是迪庆州人民政府设立的正处级参公管理的事业单位，核定编制为 15 人，其中副处级以上领导 4 人，党组书记 1 名，局长 1 名，副局长 2 名。管理局下设办公室、保护管理科、规划管理科、生产经营科、计划财务科、社区协调科 5 个科室，到 2015 年 3 月共有在职在岗员工 15 人。

　　普达措国家公园实施经管分离、特许经营的原则，普达措国家公园管理局行使管理权，普达措旅游分公司拥有经营权。

　　普达措国家公园管理局主要承担的职权有：a. 组织实施公园总体规划，制订保护管理措施并实施；b. 督促建设和管理公园公共设施；c. 开展资源调查，建立资源档案；d. 负责公园内经营单位的监督管理；e. 负责游览区的安全管理；f. 协调公园社区事务并做好服务工作；g. 开展公园的宣传工作；h. 行使赋予的行政处罚权。

　　而其中最主要的工作体现在三个方面：a. 规划审核。对于普达措国家公园的开发规划进行监督和核查；b. 社区协调。主要承担普达措旅游分公司和社区之间的协调工作，其中最重要的事项是社区反哺工作，普达措国家公园涉及建塘镇和洛吉乡两个乡镇、3 个村委会（行政村），普达措国家公园管理局作为州政府的代表，更为社区群众所信任，是社区反哺合同的签订方；c. 生态旅游的协调服务。主要负责普达措旅游分公司的经营活动与政府部门之间的协调工作。

　　普达措国家公园管理局所依托的法律为《云南省国家公园管理条例》（2015 年 11 月 26 日云南省第十二届人民代表大会常务委员会第二十二次会议通过，自 2016 年 1 月 1 日起实施）、《云南省迪庆藏族自治州香格里拉普达措国家公园保护管理条例》（2013 年 11 月 12 日云南省迪庆藏族自治州第十二届人民代表大会常务委员会第十一次会议通过，自 2014 年 1 月 1 日起实施）。

　　（2）林业局

　　迪庆藏族自治州林业局下属德钦县、维西傈僳族自治县、香格里拉市三个县级林业局，国有林面积占总面积的 80% 左右，集体林占 20% 左右。其中普达措国家公园位于香格里拉市林业局的管辖范围。

　　林业部门是迪庆州各部门中唯一直接拥有自然资源保护职权的部门，也是唯一拥有基层管理单位的部门。香格里拉市林业局下属 11 个林场站和 3 个省级自然保护所。其中普达措国家公园主要涉及的林业管理部门为建堂林场站、洛吉林场站和碧塔海省级自然保护所。其中建堂林场站和洛吉林场站是建塘镇政府和洛吉乡政府的直属单位，同时接受林业局指导。碧塔海省级自然保护所是林业局的直属部门，直接接受林业局的领导。

碧塔海同时作为国际重要湿地,面积达 1 万亩①,每年由国家林业局湿地办补助 1500 万元。

林业局所依托的法律为《中华人民共和国森林法》《中华人民共和国自然保护区条例》《云南省湿地保护条例》。

（3）住房和城乡建设局

2003 年云南"三江并流"世界自然遗产申报成功,随后州住房和城市建设局组建"三江并流"世界自然遗产管理中心,同时,住房和城乡建设局下属风景名胜管理科。

"三江并流"世界自然遗产管理中心的主要职责有:a. 宣传并组织实施有关法律、法规、规章;b. 组织三江并流风景名胜区资源调查、评价和景（点）的设置申报;c. 组织编制三江并流规划;d. 监督检查三江并流的保护、开发建设和管理工作。

风景名胜科的主要职责有:a. 负责全州风景名胜区的申报审查及有关规划、保护、建设和管理;b. 负责城市规划区和风景名胜区内的生物多样性工作;c. 负责"三江并流"国家级风景名胜区、三江并流世界自然遗产地保护管理工作。

针对普达措国家公园,住房和城乡建设局的"三江并流"世界自然遗产管理中心和风景名胜管理科主要负责两方面的工作:一是国家公园规划的审查;二是景区开发利用的监督。

住房和城乡建设局依托的法律为《风景名胜区条例》。

（4）环境保护局

环境保护局主要负责国家公园内整治、社区排污设施建设、水质检测、大气监测等职责,环境保护局是普达措各个管理部门中监测体系最为完善、监测技术最为专业的部门。

环境保护局主要依托的法律为《中华人民共和国环境保护法》。

（5）其他部门

随着国家公园的建立和发展,更多的部门开始着手管理。包括旅游发展委员会、工商局、水务局、农牧局、交通局等。

旅游发展委员会一方面承担保障游客安全、旅游行业经营监督、协调纠纷等职责,另一方面也承担旅游沿线风貌整治的工作。下属旅游执法大队。主要依托的法律为《中华人民共和国旅游法》。

---

① 1 亩=1/15 公顷。

农牧局主要负责普达措国家公园内部高山牧场的管理，并对社区牧户的放牧行为予以监督和津贴奖励。

交通局主要负责国家公园交通道路的规划审批。

水务局主要负责国家公园内湖泊河流的水利工程建设、水利设施管理、工程审批、水质检测。

2. 基层政府

（1）乡镇政府

普达措国家公园横跨香格里拉市建塘镇、洛吉乡两个乡镇，涉及红坡村（建塘镇）、九龙村（洛吉乡）、尼汝村（洛吉乡）三个村委会。建塘镇主管国家公园的领导为镇政法委副书记。

在国家公园的事宜上，乡镇政府承担的工作主要分为三方面：一是就社区反哺事宜，在社区和普达措旅游分公司之间进行协调；二是社区防火，防火力量主要依托于各乡镇的林场站；三是为了不同部门项目的实施，协调地方工作，主要涉及的部门项目有旅游局道路风貌美化建设、住房和城乡建设局传统藏居保留、环境保护局排污设施建设和生态围栏建设、农牧局发放养牦牛补贴。

（2）碧塔海省级自然保护所

碧塔海省级自然保护区位于云南西北部的香格里拉县，面积 14133 公顷，正好处于著名的三江并流世界自然遗产所辖范围的核心地带。该保护区是集典型的高原湖泊、沼泽草甸和原始亚高山寒温性针叶林植被于一体的保存完整的高原内陆湿地生态系统。碧塔海属国际重要湿地。

1984 年云南省人民政府正式批准将碧塔海自然保护区列为省级自然保护区，并成立了保护区管理所。由香格里拉市林业局直属领导。

碧塔海周边涉及 2 个乡镇、5 个村委会、43 个自然村，共 6662 人。其中红坡村、尼汝村、九龙村均在普达措国家公园的周边。

碧塔海的主要职责包括四个方面。首先，最重要的职责是自然资源管理，自然资源管理包括林政资源管理（包括用材审批）、野生动植物保护、生物多样性保护、湿地保护。第二种职责是科研监测，保护所承担了自然保护区内的科研项目，主要包括湿地监测和生物多样性的监测。第三种职责是宣传教育，主要是使得公众、游客和社区群众了解自然保护区生物多样性的丰富内容和自然保护区的意义。第四种职责就是社区共管。

通过护林员制度，以护林巡山的岗位让社区群众充分地参与到自然保护的工作中来。

自 2016 年起，保护所将执法权剥离，交由森林公安派出所承担执法处罚的工作。

碧塔海自然保护所主要依托的法律为《中华人民共和国自然保护区管理条例》《中华人民共和国森林法》《中华人民共和国环境保护法》。

（3）林场站

建塘林场站和洛吉林场站既是国有林场，又是乡镇林工站，属于"一套班子两块牌子"。1998 年，云南长江流域天然林禁伐，云南省原有的森工集团改制成保护为主的国有林场。后国有林场和乡镇林工站合并，成立了现有的林场站。

林场站由香格里拉市林业局和所属乡镇政府共同管理。

林场站一方面承担林业部门的职责，如巡山巡护、护林防火、采伐审批、选拔和培训护林员等工作；另一方面承担着乡镇政府防火巡护的工作。

6.2.3   市场机制

普达措国家公园现有的经营主体是普达措旅游分公司，隶属于迪庆旅游发展集团。迪庆旅游发展集团由云南省城市建设投资有限公司以 51%的股份控股，迪庆州政府占有 49%的股份（图 6-3）。

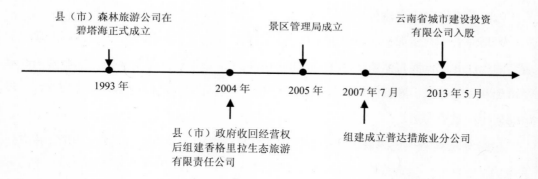

图 6-3   普达措市场经营历程

1. 普达措旅游分公司发展历史

1984 年云南省人民政府正式批准将碧塔海自然保护区列为省级自然保护区，并成立了保护区管理所。保护区建立后建设管理经费紧张，为了加强保护区的管理，增强保护区的自养能力，开展对环境影响较小的非消耗性环境资源的利用是可行之路。1993 年县森林旅游公司在碧塔海正式成立，保护区开始开展生态旅游，修建了人马驿道、停车场、公共厕所等基础设施；2000—2003 年，县政府引入天界神川公司经营，因基础建设工程无法推进，建设滞后。2004 年县政府收回经营权后组建香格里拉生态旅游有限责任公司。保护区的旅游业务由保护区管理机构统一管理，香格里拉县森林生态旅游公司负责经营，门票收入作为还贷和补充保护区自身发展资金。

2003 年随着"三江并流"的申遗成功，州委、州政府提出了"生态立州，文化兴州，产业强州"的发展战略，为了实现资源的有效保护和合理利用，进一步推动迪庆州旅游业的转型升级，实施旅游精品战略，以全新的理念和视角打造旅游精品中的新亮点，州人民政府于 2005 年对碧塔海、属都湖两景区进行了资源整合。

2005 年 5 月成立了景区管理局，隶属于州政府的正处级参公管理事业单位，负责与景区的资源整合工作。行使"统一管理、统一规划、统一保护、统一开发"的"四统一"职能，为中国大陆第一个国家公园的建设奠定了基础。

2006 年 2 月 19 日由州政府组织专家评审，通过了《香格里拉国家公园普达措总体规划》及《香格里拉国家公园普达措详细规划》。同年 6 月由迪庆州人民政府批准实施该规划。

2006 年 8 月 1 日普达措国家公园试运营成为中国大陆地区的第一个"国家公园"。2007 年 7 月在政府无力投入的前提下，作为州旅游发展的融资平台，迪庆州政府决定按照经营权和管理权相分离的原则，把原香格里拉森林生态旅游公司的资产、债务和人事关系成建制划转给迪庆旅游投资集团公司（现迪庆州旅游集团），迪庆州旅游投资集团公司根据迪庆州委、州政府整合全州旅游资源的要求迅速进行了以门票收益权质押的首轮融资并组建成立了普达措旅业分公司，形成了现在管理局管规划建设、社区发展，迪庆旅游集团负责经营的格局。

2013 年 5 月云南省城市建设投资有限公司与迪庆藏族自治州人民政府就迪庆州旅游发展集团有限公司股权合作事宜签订协议，由云南省城投集团公司出资收购迪庆州旅游发展集团有限公司 51%的股权，由云南民族文化旅游产业有限公司进行管理，至此普达措旅业分公司已经成为四级公司，普达措的收入属于收支两条线，所有收入上交迪庆旅游集团公司，迪庆州旅游集团是迪庆州人民政府旅游资源开发、旅游基础设施和旅游精品工程建设的政策性投资主体和融资平台。

2. 普达措旅游分公司的事项

普达措旅游分公司主管景区的经营权，但是公司承担了相当的社区发展和社会责任。

（1）社区发展责任

社区发展主要是指社区反哺机制和工作岗位的提供。为了整治旅游资源，提高旅游品质，在政府的协调下，2014 年公司拟定了《普达措国家公园旅游反哺实施方案》，并由州政府组织实施，其中一类区按户均 5000 元/年，人均 2000 元/年，洛茸社区退出经济活动补偿 10 万元/年；一社退出经济活动补偿 25 万元/年，同时给予在校学生享受教育补助：高中 2000 元/（人·年）、专科 4000 元/（人·年）、本科 5000 元/（人·年）；教育补助 37 万元；二类区按户均 500 元/人，人均 500 元/人，同时给予红坡村二社村容整治费 25 万元/年，红坡村三社村容整治费 16 万元/年，九龙村 6 个村民小组村容整治费 25 万元/年；三类区按户均 300 元/年，人均 300 元/年，村容整治费 20 万元/年；另外，公司每年安排社区公益建设调剂补助 45 万元，景区规划协调经费 60 万元。同时，公司给予社区居民 20%的公司工作岗位，社区居民每年分批轮流参加工作。

（2）社会责任

作为国有企业，普达措旅游分公司承担了"类政府"的社会责任。主要包括：a. 为了响应新农村建设的号召，公司一次性给付洛茸村 300 万元资金，予以改善村容村貌，随后该资金由社区以入股的方式投入洛茸悠幽庄园酒店，11 年之后每年每户能够得到 1.5 万元以上的分红；b. 为了公园内部护林防火工作的展开，在林业部门的护林员制度的基础上，公司另有配套资金予以支持。

6.2.4　社会机制

1. 大自然保护协会简介

大自然保护协会（The Nature Conservancy，TNC）成立于 1951 年，是国际上最大的非营利性的自然环境保护组织之一。一直致力于在全球保护具有重要生态价值的陆地和水域，维护自然环境，提升人类福祉。

1998 年 TNC 进入中国开展保护工作，参与编制《滇西北保护与发展行动计划》。保护滇西北珍贵的生物及文化多样性，促进可持续发展。在中国西南山地生物多样性最具代表性的滇西北三江并流地区成立四个田野办公室，开展实地保护项目。

2. TNC 与普达措

TNC 首次将"国家公园"模式引入中国。拥有丰富自然资源的滇西北地区十分适合"国家公园"的模式，该模式既突出了生态保护，也兼顾为大众提供基于生态保护的游憩展示和自然教育功能。于是，2001 年 TNC 与云南省政府做了一个"滇西北保护行动计划"，计划中提出选择合适的地方建立一个大河流域国家公园体系。2004 年 TNC 召集合作伙伴，开启国外国家公园发展模式的探究。2005 年，在迪庆州副书记齐扎拉的推动下，TNC 选择普达措作为国家公园试点。2005 年开启普达措国家公园规划，2006 年经过专家论证，普达措国家规划正式得到云南省政府的批准，经过近 10 年的努力，2007年 6 月，中国首个国家公园——普达措国家公园在云南正式挂牌，并开始试营。

此后，TNC 协助云南省政府相关部门陆续建立了梅里雪山、老君山等 8 个国家公园。

3. 社会组织所承担的工作

TNC 为云南省政府和地方政府提供了从国家公园立法、组织机构建设和培训、信息管理、资源调查和社区参与等多角度、全方位的技术合作。

（1）理念传播

在中国，TNC 发现保护地体系存在缺陷。一是保护区都是以保护为中心功能的，在设立之初，规划就没有给旅游和科教留存太多的空间；二是其他空白未建保护区的地方，地方对建立自然保护区的意愿不大；三是许多保护区内都涉及旅游开发，然而几乎都是一种管理和监督无序的状态，以普达措为例，国家公园内的碧塔海湿地于 1993 年就已经开始发展牵马观光等粗放式的发展，对于湖水水质及周边湿地产生了极大的破坏。TNC 和当地政府在综合自然保护区和风景名胜区之后，选择了兼顾生态保护和休憩功能的国家公园模式，在充分考虑历史遗留问题（如原住民的先入性）的基础上，逐渐规范化、制度化普达措国家公园的管理。

（2）解说系统

TNC 协助普达措国家公园构建解说系统，向游客展示普达措的生态系统、风俗民情等。在此基础上，普达措国家公园解说系统有了进一步的发展，在访客中心开拓了一个实景展示的橱窗。

6.2.5　社区机制

随着市场进程的不断推进，政府和非政府组织干预程度的不断加大，社区机制早已不是一个封闭的系统。社区的行为决策除在一定程度上受该地的自然条件、社区结构以及传统村规民约的约束外，还深受市场化与政治化等因素的影响，并最终形成了该地独有的社区机制。

为此，在探讨国家公园社区治理机制过程中，本书将采取埃莉诺·奥斯特罗姆于1982 年提出的制度分析与发展（IAD）框架，致力于解释包括外生条件（应用规则、村庄属性、自然属性等）、政府（属地各级人民政府、依托各类资源的政府部门、国家公园管理局等）、市场（旅游公司、游客等）、社会（非政府组织等）、社区（行政村、自然村、村民小组、家庭等）在相互作用的过程中如何影响国家公园内部及周边社区对自然资源保护与开发利用模式，在寻求多方互动机制的同时，以期探索出适合我国国情的国家公园社区治理体制，实现周边社区居民生计与国家公园保护与开发体制相促相融的愿景。

1.　研究框架

IAD 框架表明，对自然资源退化和公共池塘资源的研究不应该局限于自然属性，如土壤、动植物种类、降水，资源所在的社区的特点、管理体系及用以规范个体之间的应用规则等社会因素和自然属性一样重要。一个完整的 IAD 框架包括 7 组重要变量。这 7 组重要变量存在于集体情景当中，分别是：（1）参与者的集合。参与者的三个重要属性是：参与者数量、他们是以单独个体还是复合个体方式出现、个体属性。本书参与者的集合是政府、市场和社区。（2）参与者的身份。如法官、立法者、买家、警察等。（3）容许的行为集合及其与结果的关联。（4）由个体行为相关联的潜在结果。（5）每个参与者对决策的控制力。（6）参与者可得到的关于行动情景结构的信息。（7）收益和成本。

应用规则通常是在不断重复的行动情景内的个体为了改善结果而有意识地改动行动情景的过程中产生的，所以不一定以文字为载体，也不一定来源于正式的法律程序，但规则的语言应相对清晰，避免在理解上存在分歧。奥斯特罗姆认为在行动情景中，规则可以看作是在某一特定环境中建立行动情景的指令、参与者所认可的架构行动情景的策略，或是人们鉴于行动与结果之间努力维持情景秩序和可预见性的努力，规则在行动情景中处于核心地位，该规则分为七类：身份规则、边界规则、选择规则、聚合规则、规范规则、信息规则、偿付规则。互动过程主要是指一系列的互动行为：受益、信息共享、审议过程、冲突、投资活动、游说活动、自治活动、网络活动、监督活动、评估活动。

　　鉴于 IAD 研究框架的复杂性，本书在原框架的基础上进行修改，突出了政府、市场、社区与社会的互动协调机制，最终探索出了国家公园社区治理机制的研究框架（图 6-4）。

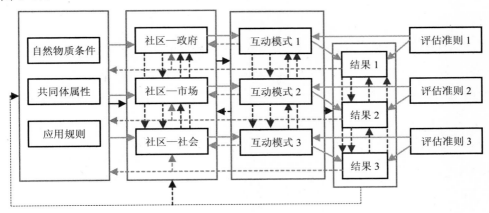

图 6-4　IAD 研究框架

2. 云南普达措国家公园内部洛茸村案例

　　普达措国家公园内有洛茸村（自然村）一个居民点，有 33 户。周边涉及 2 个乡镇、3 个行政村，分别是建塘镇的红坡村和洛吉乡的尼汝村、九龙村，共有 43 个自然村，6662 人。九龙村为彝族居住，洛吉乡除有部分汉族、纳西族居住外，其余均为藏族居住，生计来源以半牧半农为主。农作物以青稞、马铃薯、小麦、玉米、荞麦为主。传统上，经济来源以畜牧业为主，但近年来，夏季捡卖松茸等野生菌类收入增长幅度显著增加，逐渐成为许多村民家庭的主要收入来源之一。

　　该地区社区结构比较复杂，农民对村庄的叫法仍然保留在生产队时代。为了更好地理解社区机制，本书特意剖析了红坡村（行政村）的组织机构。红坡村共包括 15 个自然村，由村委会主任和党组织书记直接管理，村委会主任由村民提名选举，党组织书记由建塘镇下派，并由村民投票通过。各自然村有分管村长，由本村民投票通过。按照当地人的说法，习惯将自然村称作社，村长称作社长，行政村称为乡，基吕村、吓浪村、次迟顶统称为一社，吾日村、浪丁村、洛东村统称为二社，达拉村等六村统称为大宝寺片区（图 6-5）。

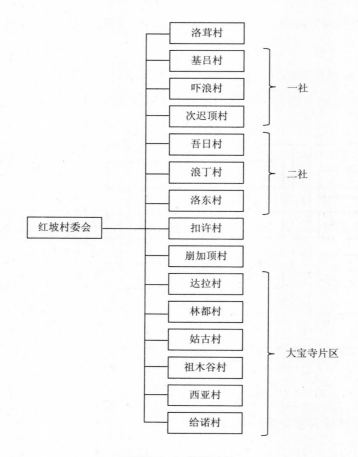

图 6-5　红坡村结构

洛茸村共 33 户，人口共计 167 人，村落平均海拔 3300 米，平均气温 1～2 摄氏度，降水丰富。该村分为上村、中村、下村三个村民小组，每组 11 户。村庄房屋分布较为分散，人均耕地 2～3 亩。村民大多种植青稞、马铃薯、菠菜和芒荆，并从事畜牧业（牦牛、犏牛、黄牛、羊、鸡、马、猪）。该村村民全部为藏族，保留着较为原始的生活习惯，家里的老大必须与父母住在一起，其他孩子不分性别必须分家（分家是俗语，指离开父母自己成立家庭或嫁入别家）。

洛茸村是普达措公园内唯一一个自然村，在政府、市场多方主体的互动干预下，逐步形成了一套与公园体制相适应的自然资源利用模式与生活习惯（图 6-6）。该地在国家公园成立之前就已经形成了一套完整的自然资源产权安排，林地、牧场均分到集体，并没有分到户，并已经形成了定期轮牧、合理挖药材等资源利用模式。洛茸村是隶属于建塘镇红坡村委会的自然村之一，分为三个村民小组，民主决策机制完善，并形成了一系列具有约束效力的村规民约。国家公园成立之后，该村原有的乡约规定和生产生活方式随之发生了相应的改变。

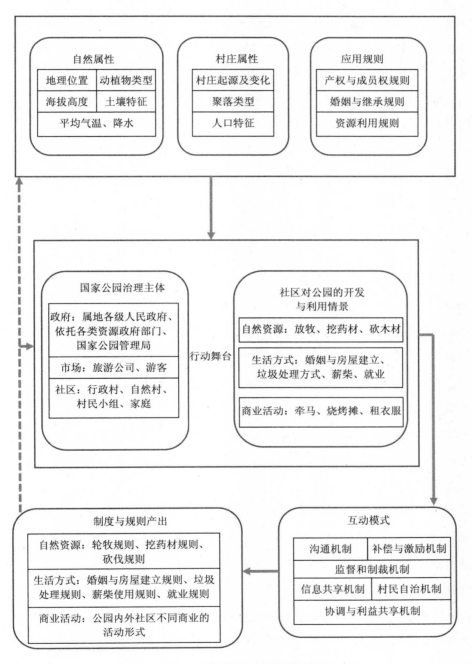

图 6-6　普达措国家公园社区机制

（1）资源开发利用制度转变

洛茸村村民的生活方式目前仍很大程度上依赖于自然资源，包括放牧、上山挖药材、砍木材等。村民一般都养了牦牛、犏牛、黄牛、藏香猪、马、鸡等动物。放牧的地点可以在本集体的草地、其他集体的草地、国有草地等，而且社区间的草地也可以放牧，即外村来的牛可以在本村草地吃草，但是其他社区的人不能在本村的牧场居住。牧场的选择主要是在集体草地里自主选择比较平坦的地方。社区居民认为这是自己祖祖辈辈放牧的地方，因此保护所、林场站以及农牧局等资源管理部门没有限制社区居民的放牧行为，并尊重其历史传统。洛茸村在世世代代的放牧习俗中，已经形成了一套自己的村规民约，即每年五月份至十月份家里老人就会搬到海拔更高的牧场生活，留下年轻人在下面干活，等到青稞、洋芋、芒荆收完了才可以下来。搬上去的原因一是为了避免种植的庄稼被牦牛破坏，二是因为牦牛比较适合在气温比较低的地方生活，五月份到十月份本地气温较高。村规民约全体村民监督，如若提前下山则村里会处以 500 元罚款，如果搬回去，在此基础上再加 500 元。这一乡规民约得到了社区居民认同，轮牧机制的推行延长了草地资源利用的可持续性。

洛茸村每到五六月份松茸盛产，村民可以到本村集体林地、国有林地里采集松茸，但并不能到其他村林地进行采伐。由于松茸生长分布区域较集中，为使所有社区居民都有同等机会对松茸进行采集，所以该地林地并没有分到户，而是仍属于集体所有。本村居民并没有因此产生矛盾，认为只有技术好的人才能找到松茸。

洛茸村由于处于普达措公园内，在国家公园管理局与旅游公司签订反哺合同之后，集体林中的商品林也不能随意砍伐，只有在自家建房时，经林业部门审批和村民小组开会议定通过之后，才可以按配量砍伐。

（2）生活方式转变

在红坡村村委会与国家公园管理局签订反哺合同之后，洛茸村被划为一类反哺社区，第二轮补偿（2013—2017 年）制订的补偿标准为 5000 元/人或 10000 元/户，同时给予该村就读高中、中专、大学专科、本科的村民子女定额补助。合同的签订深深地改变了社区居民的生活方式。反哺合同规定杜绝一切干扰公园正常运转的行为，社区享受旅游反哺补助金后，有义务对公园范围的生态环境进行保护。凡因社区原因影响公园的正常经营秩序、破坏公园形象的，公园管理局将对该村民小组进行扣除反哺资金的处理，并追究煽动、组织者的法律责任。同时公园管理局对公司所有经营活动进行有效的监督，对违规经营活动的，按相关规定追究责任人的经济和法律责任。

生活方式改变主要体现在婚姻与建房、垃圾处理方式、薪柴、就业等方面。藏族自古就有老大与父母同住，其他孩子要分家单过的习俗，但是自国家公园成立之后，规定每家农户可增人不增户，使得洛茸村家里的其他孩子无论男女必须嫁出去，并且每家每户 30 年内不得盖新房。薪柴作为藏民生活必不可少的取暖物资，自反哺合同签订之后也得以重新安排。社区内部规定每年十二月份只允许村民上山捡干柴 20 天，不允许砍湿柴（活立木），每家每户薪柴采集量不能超过 100 立方米，垒在自家门口，村里会派人统一检查测量。普达措公司为社区居民提供了清洁工工作，即每家 1 人，每 12 户轮一年，社区居民垃圾也不能随便乱扔，需要集中起来，公司每月会派车来集中拉走，这些规定都是在村集体内开会讨论通过的，并得到了大家的遵守。

（3）旅游开发制度的转变

普达措国家公园主要由属都湖、碧塔海两大部分构成，属于公园旅游整体规划中一期完工项目。在整合前，两景点独立经营，景点位于社区集体林范围内。1995 年，中甸旅游开始起步时，景区通达条件成为游客前往游览的最大障碍。洛茸社区距碧塔海最近，社区藏民牵马劳作时偶尔遇到欲骑马前往碧塔海的游客，他们会捎脚游客进入碧塔海，可得到 20～30 元/次的报酬。牵马的经济收入带动了整个社区参与碧塔海旅游业的积极性。1995 年，洛茸社区藏民参与碧塔海旅游年收入达到 3000～4000 元/户。当时碧塔海社区藏民基本还没有旅游的概念，只是在明确的经济利益和朦胧的市场意识驱动下，逐渐参与到碧塔海旅游业发展的行列中来，马匹数迅速增加，参与从一种偶然行为逐渐发展成为自觉的经济行为。中甸旅游业的发展，使碧塔海游客人数逐年倍增，社区藏民由此而获取的经济收入也在不断增加，1996 年增长到 7000～8000 元/户。随着游客量的增加，旅游业成为洛茸社区藏民经济收入的一个重要渠道。在旅游业的带动下，社区居民在两个景区经营牵马、烧烤等多项旅游服务项目，尝到了旅游收益的甜头。

但自从景区整合为普达措国家公园后，为了实现开发与保护的和谐，在经营管理上，国家公园制订了一系列的制度。经与社区商定，自 2005 年 6 月 18 日始，社区退出马队服务项目，作为补偿，公园与社区签订了为期 3 年的马队补偿合同。该合同已于 2008 年 6 月 17 日到期。于是，公园管理局在洛茸村外的景区、属都湖、弥里塘和碧塔海旅游游览区为洛茸社区居民安排了出售烧烤、提供照相、清洁卫生、巡护等工作岗位和参与机会。根据 2008 年 11 月的实际调查，洛茸村社区居民亲自参与旅游发展的经济收入平均达到 7000～8000 元/户。经上述努力，现洛茸村内部已经禁止了一切无序的旅游开发经营活动，社区内居民不允许私自拉游客进入园内以谋取私利，实现了普达措国家公园提供高品质游憩服务的建立目标。

6.3　长城、武夷山、钱江源国家公园试点区治理机制

上一节选取了云南普达措国家公园试点，并对其进行了细致系统分析。除普达措国家公园外，研究团队还先后走访了武夷山国家公园试点区、长城国家公园试点区、钱江源国家公园试点区，对其政府管制机制、市场机制、社会机制与社区机制进行了梳理和总结（表 6-1 和表 6-2）。

表 6-1　调研国家公园试点前治理体系基本情况

项目	武夷山国家公园试点	长城国家公园试点	钱江源国家公园试点
简介	武夷山国家公园主要包括武夷山国家级自然保护区、国家级风景名胜区和九曲溪上游保护带	北京长城国家公园主要包括长城世界文化遗产、八达岭—十三陵风景名胜区、北京八达岭国家森林公园和中国延庆世界地质公园八达岭园区	钱江源国家公园包括古田山国家自然保护区、钱江源国家森林公园、钱江源省级自然风景名胜区
政府管制	福建省武夷山国家级自然保护区管理局：隶属于福建省林业厅，正处级事业单位，主要负责自然保护、规划审批、社区协调等工作	八达岭特区办事处：主要负责文物保护、景区规划、部门协调、社会治安、旅游治理、景区宣传 八达岭林场：主要负责森林培育、林木管理、病虫害防治、野生动植物保护	古田山国家级自然保护区管理局：主要负责自然保护区的规划审批、自然保护等工作
	武夷山风景名胜区管理委员会：武夷山市政府派出机构（副处级），负责景区规划、建设、保护、监督和管理等工作	八达岭镇政府：社区协调（15个行政村） 北京延庆世界地质公园管理处：地质公园管理、规划、保护、建设	钱江源国家森林公园和省级风景名胜区：与乡镇政府合署办公，"区政合一"
市场机制	武夷山旅游（集团）有限公司：国有独资公司，作为景区主要经济开发和融资平台，公司主要业务有景区开发、茶叶产销、文化表演、旅游客运、生态旅游等	八达岭旅游总公司：国有企业，主要业务有景区运营、文化传播、餐饮、住宿	—
社会机制	与高校等科研机构进行科研合作	与志愿者团体、各类保护协会等进行交流合作	与高校等科研机构进行科研合作
社区机制	桐木村（调研村）自主保护机制：第一，生态产业升级；第二，社会企业竞争机制；第三，社区精英主动倡导生态保护	八达岭附近村庄解构较为严重，尚未发现良性集体自然治理机制	社区主要以稻谷等传统农业为生，近些年旅游业逐渐兴起，社区保留了大量传统徽派建筑

表 6-2　试点改革期（2016—2017 年）所采取方案

项目	武夷山国家公园试点	长城国家公园试点	钱江源国家公园试点
新成立机构	武夷山国家公园管理局（林业厅副厅长任局长、原保护区管理局书记任常务副局长）	北京长城国家公园试点区管理委员会（由市政府选派，根据需要从市有关部门和延庆区抽调部分工作人员）	开化国家公园工作委员会和国家公园管理委员会（与县委、县政府共属一套班子，协调国家公园事宜）
协调机制	省级跨部门联席会议		
政府管制机制	武夷山国家公园管理局设立了若干职能部门，主要承担国家公园资源管理、生态保护、规划建设管控、特许经营、社会参与和宣传推广等工作	北京长城国家公园试点区管理委员会负责统筹试点工作，如规划、建设管理，特许经营管理，科普教育和文化宣传等	钱江源国家公园管理委员会承担试点区自然资产运营管理、生态保护、特许经营、社会参与和宣传推广工作
市场机制	游客量控制、旅游行为引导、推进门票预约制度与价格机制、解说教育推广机制，并鼓励社区参与特许经营	按照"企事分开、管办分离"的原则，彻底剥离八达岭特区办事处的经营职能；在特许经营问题上，按照"公平、公正、公开"的原则，通过招标、竞争性谈判等方式选择特许经营	整合特许经营机制，禁止出现资源"整体转让、垄断经营"及"上市"等与国家公园性质相悖的经营性质
社区机制	引导社区发展产业、建立社区奖惩机制	管理委员会与社区建立社区共管学会	居民参与特许经营机制、居民参与自然资源保护管理机制、就业培训机制
社会机制	社会捐赠机制、志愿者机制、合作管理机制、保护合作机制、社会监督机制	实行志愿者计划、与NGO 建立伙伴关系、搭建科研平台、建立监督机制等	促进非政府组织、社区、私人企业、志愿者、科研院所等主体参与，扩大融资渠道，信息公开等

6.3.1　国家公园试点区概况

1.　武夷山国家公园试点区

武夷山国家公园试点范围包括：武夷山国家级自然保护区、森林公园、九曲上游保护地带和武夷山国家级风景名胜区（图 6-7）。涉及两省（江西省和福建省）、三县级市/县（建阳市、武夷山市、光泽县）、两大部门（景区管委会和保护区管理局）的合并，总面积 982.59 平方千米。

图 6-7　武夷山国家公园范围

2. 长城国家公园试点区

北京长城国家公园总面积 59.91 平方千米。四至边界：东至八达岭镇边界；南至延庆区区界；西以八达岭镇帮水峪村东侧山场和营城子村南端山场内长城 500 米保护范围线为界；北以程家窑村北边界——吉润高尔夫球场以西——阳光马术俱乐部东南侧山脚一线为界。同时将现有八达岭林场场部所在地划入试点区范围内。

3. 钱江源国家公园试点区

浙江钱江源国家森林公园位于钱塘江的源头——浙江省开化县齐溪镇，与 3 省（浙、皖、赣）4 县相接壤。试点区面积约 252 平方千米，包括古田山国家级自然保护区、钱江源国家级森林公园、钱江源省级风景名胜区以及连接自然保护地之间的生态区域，区域内涵盖 4 个乡镇。西部以浙江省开化县与安徽、江西的省界为界限；南部保持原有的古田山国家级自然保护地范围不变，以古田山国家级自然保护区的实验区外围河流为界；东部以桃源、真子坑、高升、田畈等行政村的西侧山脊线为界；北部以钱江源省级风景名胜区的北部界限为界。

6.3.2　政府机制

1. 武夷山国家公园试点区

武夷山国家公园组建之前，政府部门主要包括福建省武夷山国家级自然保护区管理局，该部门隶属于福建省林业厅，正处级事业单位，主要负责自然保护、规划审批、社区协调等工作；武夷山风景名胜区管理委员会，为武夷山市政府派出机构（副处级），负责景区规划、建设、保护、监督和管理等工作。两部门作为分管保护区和景区的不同政府部门，在公园成立之前，各自按照直属部门标准与法律条例管理自己的辖区。如武夷山国家级自然保护区管理局参照《中华人民共和国自然保护区条例》《福建武夷山国家级自然保护区管理办法》，武夷山风景名胜区管理委员会参照《中华人民共和国文物保护法》《保护世界文化和自然遗产公约》等。其中，福建省武夷山国家级自然保护区管理局与江西武夷山保护区等形成了定期的联防机制。

武夷山国家公园组建之后，设立了由政府垂直管理的武夷山国家公园管理局，管理局设立了若干职能部门。主要承担国家公园资源管理、生态保护、规划建设管控、特许经营、社会参与和宣传推广等工作。

2. 长城国家公园试点区

长城国家公园成立前，长城国家公园试点政府部门包括：（1）八达岭特区办事处，延庆区镇府派出机构、自收自支单位。除去东北角部分山场外，八达岭特区办事处的其他范围都在试点区范围内，该部门主要负责保护辖区内文物古迹和风景，组织制订和落实景区总体规划，管理辖区内的旅游事项，对景区的建设、经营、广告等事项进行管理、组织和协调公安、工商、城管等部门，对景区内的社会治安、环境、旅游秩序进行综合治理，领导解决在八达岭大景区规划实施中与周边镇、村的各类问题，组织景区宣传、外事接待及大型活动等。（2）八达岭林场，北京市园林绿化局直属的正处级差额拨款事业单位，负责资源培育与保护，负责所辖地区国有林的病虫害防治、森林防火、林地林木管理、野生动植物保护、森林培育等工作。（3）八达岭镇政府，负责社区协调（15 个行政村）。（4）北京延庆世界地质公园管理处，延庆区事业单位，负责中国延庆世界地质公园管理、规划、保护、建设等工作的管理机构，承担开发和管理地质公园的法律责任，管理处严格按照国家法律、相关法规和规范文件进行管理，将工作重点放在地质遗迹保护、科普宣传及推动地质旅游三方面。

长城国家公园成立后，组建北京长城国家公园体制试点区管理委员会，拟确定为市政府直属事业单位，统筹负责试点工作，如规划、建设管理，特许经营管理，科普教育和文化宣传等。试点期间，管理委员会领导班子由市政府选派，根据需要从市有关部门和延庆区抽调部分工作人员。

3. 钱江源国家公园试点区

钱江源国家公园成立前，政府部门涉及古田山国家级自然保护区管委会、钱江源国家森林公园委员会、钱江源省级风景名胜区管委会等。

钱江源国家公园成立后，开化县自2013年针对整个县进行了"开化国家东部公园"建设工作，设立了中共开化国家公园委员会和开化国家公园管理委员会，作为衢州市委、市政府派出机构，与开化县委、县政府施行"两块牌子，一套班子"的管理体制。公园试点区设置了古田山国家级自然保护区、钱江源国家森林公园、钱江源省级风景名胜区管理机构。其中，古田山国家级自然保护区成立了管理局；钱江源国家森林公园和钱江源省级风景名胜区与乡镇党委政府合署办公，实行"区政合一"的管理体制。

4. 小结

通过上文对各试点政府管制内容的简要归纳，可以发现各部门内部根据相关管理条例已分别形成了成熟的管理体系，如武夷山自然保护区，在保护方面取得了巨大成就。但是由于国家公园中央层面的缺位，上位法的短缺，在调研过程中我们发现，部门间各自为政现象严重，并且出现权责交叉重叠现象，十分缺乏有效的协调机制，这种协调障碍体现在部门间、上下级政府间、跨地区政府间。不仅如此，以项目制为纲的上传下达的政府部门绩效评价体制使得基层各部门政府缺乏主观能动性，一直被动接受中央或上级政府下达的项目任务，不论该项目是否符合该地区的具体情况，基层政府灵活性的限制导致项目执行效果的大幅削减。因此，在政府管制的改进方面，应注重多方协调机制的创建与基层政府灵活性的释放。

6.3.3　市场机制

1.　武夷山国家公园试点区

武夷山国家公园成立前，南平市委、市政府确定将景区党工委和管委会作为武夷山市委、市政府派出的副处级单位，负责景区规划、建设、保护、监督和管理等工作。为了进一步加大景区开发建设步伐，1998 年，景区管委会成立武夷山旅游（集团）有限公司，注册资本为 9600 万元，为国有独资公司，作为景区主要经济开发和融资平台，公司具有下属子公司 14 家，主要有旅游发展股份公司、印象大红袍公司、旅游文化投资集团公司、夷峰文化传媒公司、龙永翔旅游客运公司和大峡谷生态漂流公司等。

1999 年 11 月 18 日，景区组建股份制企业，调整了景区内部经营运行机制，改变了原有的收益分配体制，由原来的单一分配主体，改为现在的三个法人分配主体。根据景区门票、竹筏票的专营权的转授协议，景区的门票及竹筏票收入首先作为股份公司的主营业务收入，股份公司将景区门票收入的 50%（含资源保护费每人次 11 元）、竹筏票收入的 40%（含资源保护费每人次 12 元）、观光车收入的 5%作为资源保护费和专营权费上缴景区财政，景区财政根据 2015 年武夷山市政府调整景区财政管理体制，景区所取得的总收入（包括竹筏、门票、观光车业务特许专营权收入、资源保护费收入、企业上缴、国有资本经营收益等）全部直接上缴武夷山市财政，其中的 50%核拨给景区管委会用于景区生态保护和建设，股份公司另将竹筏收入 10%的专营权费上缴集团公司，作为集团公司主营业务收入，用于支付利息、摊销申报世界遗产的费用、资本运作和保证融资的资信需求。

武夷山国家公园成立后，并未提出具体的机构改革方案，但提出对游客量控制、旅游行为引导、门票预约与价格机制和教育解说机制进行改革，并支持完善特许经营制度，将社区居民受益作为经营目标之一。

2.　长城国家公园试点区

长城国家公园成立前，八达岭旅游总公司延庆区政府直属正处级单位，是按区属二级班子管理的国有企业，具有政企分开、自负盈亏的独立法人资格。该公司服务于八达岭风景名胜区及延庆区旅游经营项目的投资、建设和运营，业务范围涵盖"吃住行游购娱"旅游六要素。公司承担"八达岭"品牌价值宣传、整合旅游资源、组建延庆区旅游集团等职责。

长城国家公园成立后，将按照"企事分开、管办分离"的原则，由延庆区政府负责八达岭特区办事处和八达岭旅游总公司的相应改革，彻底剥离八达岭特区办事处的经营职能。在特许经营问题上，遵循"管理权与经营权分离"的原则，由管委会研究特许经营的标准和措施，对试点区的经营性资产和服务实行特许经营，特许经营按照"公平、公正、公开"的原则，通过招标、竞争性谈判等方式选择特许经营企业。

3. 钱江源国家公园试点区

钱江源国家公园筹建后，对特许经营的规划为：特许经营主要集中在餐饮、住宿、生态旅游、交通方式、商品销售等5个方面，禁止出现资源"整体转让、垄断经营"及"上市"等与国家公园性质相悖的经营性质。

4. 小结

我国所有地区国家公园试点的市场机制并没有体现在完全竞争的基础上，所在地的旅游开发公司均是由政府机构逐渐演化而来，如长城国家公园的旅游总公司是政府部门改革后的国有企业，武夷山旅游公司地方政府注入了股份，以上这些公司一方面扮演着政府的角色，主要体现在其担负了大量政府职责；另一方面，作为自负盈亏的企业，其仍要追逐利益。正是由于市场机制的政府化，管理权与经营权的混乱不堪，导致各试点地区的"特许经营"制度发展极其失衡，"一家独大"的现象十分严重，因此，十分有必要在我国国家公园建设中实行管理权与经营权分开，做到完全竞争性质的特许经营制度，政府起到监管职责，只有这样，才能使市场机制走向健康，并对旅游开发和缓解客流量、门票价格等方面的工作有所监督，并体现全民公益性。

6.3.4　社区机制

1. 武夷山国家公园试点区

在武夷山保护区内有武夷山市星村镇桐木村、建阳市黄坑镇坳头村、大坡村和桂林村的六墩自然村，共有32个居民点、589户、2453人，周边还涉及4个县市、6个乡镇、13个村（场）的12982人。该地区社区村民主要从事毛竹、茶叶、生态旅游及种养殖等经营，其中毛竹、茶叶是区内村民经济收入的主要来源。年生产经营毛竹40万～60万根，毛竹加工企业 15 家，年产值 1000 余万元；茶叶近 100 吨，茶叶加工企业 3 家，年产值 1000 余万元；旅游餐馆 13 家，农家旅馆（宾馆）11 家，床位 340 个，年旅游收入 230 万元。保护区周边社区村民主要从事粮食作物、毛竹、茶叶、种养殖的经营，人均耕地 2.2 亩。在市场经济的推动下，毛竹产业、茶产业先后成为当地的支柱产业，房子逐渐由原先的木质结构改为砖石结构，居住和经营的范围也逐渐移出了保护区。

武夷山国家公园成立后，试图在控制生产建设用地、社区发展产业等方面进行引导。

2. 长城国家公园试点区

试点区主要涉及八达岭镇的 9 个村。其中，涉及营城子、程家窑和帮水峪 3 个行政村的部分山场用地，涉及石峡村、三堡村、石佛寺村、岔道村、南元村、东沟村共 1065 户 2243 人。八达岭社区居民依靠租金、补贴等收入不仅能够维持基本生活，有的还积累了大量的财富。2014 年，延庆区农民年收入 15929 元，试点区除南元村外，其余 5 个村人均收入都超过全区人均水平，其中石佛寺村是全区农民收入的 3.11 倍，岔道村是全区农民收入的 2.68 倍。南元村人均收入 12394.5 元，是全区人均收入的 0.78 倍。许多村民进了城市生活，只有少数老人留在了社区。

长城国家公园成立后，对社区采取了差异化管理，并通过建立社区共管委员会的方式提高社区居民参与与资源管理的积极性。

3. 钱江源国家公园试点区

试点区涉及开化县苏庄、长虹、何田、齐溪共 4 个乡镇，包括 19 个行政村、72 个自然村，共 9744 人。该地居民以种植稻谷、油菜、玉米、茶油为主，农民除种植水稻外，还有部分经济林，主要是县域内自产自销，部分农民进行蔬菜生产、加工，第二、第三产业均不发达。近年来，乡村旅游业逐步兴起，主要分布在齐溪镇和长虹乡的部分村庄，成为当地居民的主要经济来源。

钱江源国家公园成立后，引导居民参与特许经营、自然资源保护管理和就业培训。

4. 小结

中国社区传统文化的形成必然有一套自治逻辑，文化、生活、生产方式三者一脉相承，不同地区文化信仰的不同注定会产生不同的人与自然相处共生的方式。20 世纪 60 年代我国建立保护地体系以来，以完全封闭式的抢救性保护模式在取得一定收获的同时，也在一定程度上摧毁了原有的社区机制，如在武夷山和长城地区，该地区的居民依靠茶产业和反哺制度使得生活逐步富裕了起来，但是原有的社区机制瓦解掉了。因此，政府部门要时刻警醒，在社区问题上，主动保护与被动保护的优越性也不是一成不变的。在旅游市场开发较早，经济较发达的地域，往往会出现群体意识瓦解、农民自我意识增强的现象，而且这种社区的生计方式往往脱离自然资源的直接运用，在这种情况下，没有必要将社区和自然资源强行绑在一起，被动保护可能更为合理，要解决的核心问题就是反哺方式。在这种情形下，基于基层社区以合理的特许经营就显得十分必要，如钱江源试点方案中着重强调引导和鼓励本地居民以个人或合作社的形式参与到试点地区特许经营项目中，并对村民给予就业培训。相反，在社区生计高度依赖地方资源的地区，该地村民的生产生活往往与生态系统紧密相关，并具有高度的保护意识，如在西双版纳国家公园的傣族村寨，还有保护村庄神山神树的传统，在这种情形下，社区是可以融入其中的，政府要关注的问题是如何引导地方社区对自然资源进行更为合理的利用与保护。总而言之，社区问题，无论是在经济发达地区还是经济落后地区，也无论是主动保护还是被动保护模式，如何通过国家公园的成立让社区发展得到保障，使保护与发展目标一致尤为值得关注。

6.3.5 社会机制

社区机制在武夷山、长城和钱江源三个试点地区均有所体现。如武夷山、钱江源等地长期与高校有科研合作，北京长城地区有志愿者机制和各种文化保护协会对长城文化进行宣传。但是总体来讲，我国的社会机制十分薄弱，这种薄弱体现在社会捐赠机制、志愿者机制的短缺。不仅如此，教育与解说体系十分不健全，有能力的 NGO 组织没有得到足够的重视。

第 7 章　我国国家公园治理体系架构

本章提出了我国国家公园治理体系的架构，为政界和学界辩论提供靶子。在此国家公园治理架构的设计中，基层治理更偏向于具体管理，中央层面的则更倾向于宏观协调。这个架构是按照国家公园公共物品、准公共物品、私人物品等不同物品属性，针对中央、地方、企业、非政府组织、社区和个人等不同行动主体和利益相关者，就行政管理、政策制度、资金保障、社区发展和公众参与等方面内容设计具体的治理机制和手段。本章考虑到国家公园创建过程中的主要治理机制，会与正常运行阶段不同。在创建过程中，各级政府尤其是中央政府在建立协调机制和相适宜的法律法规标准等制度体系上任务十分繁重。

7.1　公共物品的治理

一个公共物品的管理，也不能仅仅寻求单一的行政管制手段，需要中央政府、地方政府和社会组织、社区组织、市场组织等多行动主体一道，共同建设、享有和治理公共物品。自然生态系统和文化遗产保护与修复需要综合采取行政管理、资金保障、社区发展和公众参与等措施，这是一个过程，需要逐步推进并导向公共物品管理的多主体和多手段综合治理，而不是简单的机构改革和规划设计本身所能够形成的。在国家公园创建和试点的过渡时期，尤其需要探索如何统合中央各部门的关系，如何调适央地关系，如何形成激励相容的财政和资金机制。这些都没有理论上的定式答案，只有在实践中不断探索，在制度设计上，需要建立起央地政府都敢于探索的激励保障机制。

7.1.1　管理机构安排

图 7-1 是研究团队提出的自然生态系统和文化遗产保护和修复这一典型公共物品保护和修复管理机构安排，以便同行和政界进行辩论。管理机构安排不只是管理公共物品，同时也管理准公共物品和市场物品。将管理机构安排置于公共物品下，只是为了叙述的方便。

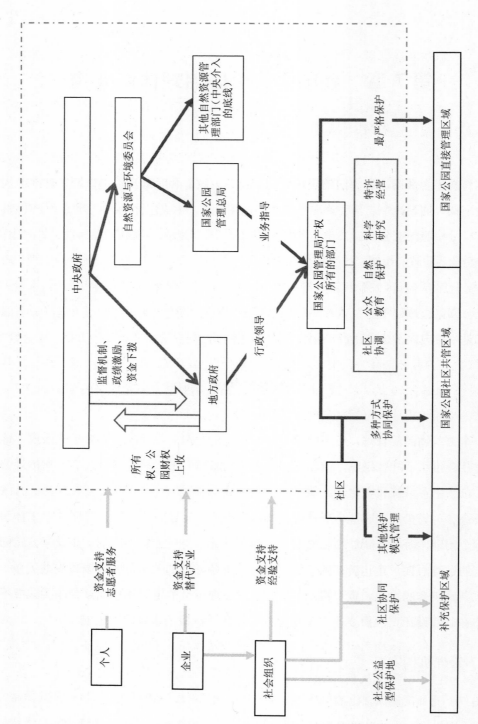

图 7-1　生态系统和自然文化遗产保护机制

1. 行政管理

（1）中央政府成立自然资源与环境委员会，将国土、城建、林业、水利、海洋、环境等部委中涉及资源与环境管理部分统统整合到自然资源与环境委员会[①]（或称自然资源与环境部），下设国家公园管理总局、保护区管理局、林业局（只负责国有森林管理）、湿地局、荒漠局、海洋局、风景名胜区司、地质公园司、长江局、黄河局等。

党的十九大报告提出"设立国有自然资源资产管理和自然生态监管机构"，该类机构可以有效整合散落于各部门的资源管理和监管权利。而国家公园作为最具有国家代表性，国民认可度最高，自然生态系统（人文景观）最重要的保护地，是我国众多保护地中最重要的类型。在新的自然资源与环境委员会中，设立国家公园管理总局能够更有效集中地监督管理各国家公园的建设和运行。

（2）远期国家公园的所有权归属中央人民政府，以确保更严格保护、全民共享、世代传承。国家公园管理总局委任各国家公园园长，园长对国家公园管理局负责。研究团队意识到，目前各试点国家公园成立的正厅级（青海三江源国家公园管理局）、副厅级（福建武夷山国家公园管理局）或正处级（如浙江钱江源国家公园管理局）都是临时性过渡机构。全建制转交国家公园管理总局形成垂直管理体系可能不是好的选项。国家公园园长将被授权组建十分轻便的管理团队，并纳入国家公务员管理序列。

（3）国家公园管理总局负责执法、监督、特许经营许可、公园规划等。国家公园法律和法规制定、公园规划审批则分别由全国人民代表大会和国务院法制办、国家发展和改革委员会负责，鼓励公众参与国家公园的立法和规划。

国家公园管理总局内设办公厅、政策法规司、环境监测司、发展规划与资金管理司、社区发展司、国际合作司、科技教育司、人事司、机关党委。办公厅负责文电、会务、机要、档案等机关日常运转工作，承担信息、安全、保密、信访、政务公开等工作，承担总局新闻审核和发布，负责网站维护；政策法规司负责组织起草国家公园相关法律法规草案和部门规章，承担有关规范性文件的合法性审核工作，承担机关行政复议、行政应诉等工作；环境监测司负责组织开展国家公园及周边地区的环境监测工作，对国家公园的保护工作进行监督；发展规划与资金管理司负责各国家公园的规划审批，统筹安排下拨资金，公开财务支出；社区发展司负责拟定社区发展政策，指导国家公园社区共管

[①] 考虑到工业排放依然高企、生活垃圾增长迅速，雾霾、土壤污染、水污染、垃圾管理等问题十分严峻，现阶段，可保留环境保护部。

工作，审批特许经营许可及监督经营；国际合作司负责国家公园建设中的国际合作工作，承担与环境保护国际组织联系事务，承担外事工作；科技教育司负责组织各国家公园本底调查，指导科研监测工作，组织人员培训，指导自然教育工作，承担科研机构等社会组织联系事务；人事司承担机关和直属单位的人事及机构编制管理事项；机关党委负责机关和在京直属单位的党群工作。

（4）具体的各国家公园管理局负责环境保护、科学监测、社区协调、伙伴关系、科学研究、公众教育、园内特许经营管理和监督等具体业务，公园运营费用由中央财政承担。负责国家公园目标的实现，负责信息收集以保障中央政府有效监督地方政府的行为，负责协调社区机制、社会机制和市场机制的协同，负责协调与地方政府的沟通。在国家公园划定范围内实施严格保护，在国家公园周边区域逐渐引导社区共同保护自然资源。

（5）社会和社区管理、自然资源管理、环境管理等各项执法和行政权力原则上归地方政府。地方政府协调管理未划入国家公园但生态系统完整性较重要的其他自然保护地。中央或地方人民政府对下级政府采用生态文明建设制度安排来管理，如自然资源资产离任审计、财政转移支付等。可从降低行政成本、优化基层治理结构出发，地方政府授权或委托国家公园管理机构行使部门行政执法权力。

委托管理的目的是在加强中央宏观调控能力的同时，加强地方政府微观治理能力。一方面可减少管理成本，另一方面中央政府可着力完善国家公园属地政府的发展成果考核评价体系，应加大生态效益、资源消耗、环境损害在地方政府政绩评定中的比重，纠正地方政府单纯以经济增长作为政府工作重心的倾向。应当给予地方政府更灵活的操作空间，应当鼓励、帮助地方政府构建生态保护的地方性知识，为其国家公园设立切合当地情况的原真性和完整性的生态保护目标。在国家公园试点阶段，中央政府切不可扩展权力清单，切实防范权力上收、问题下推。同时，也要切实防范地方政府试图上缴责任和矛盾，这些地方政府都无法履行的责任和化解的矛盾，上级政府多无更好的办法。

2. 资金机制

（1）国家公园实行收支两条线管理，其建设和运营资金应当以中央政府的财政投入为主。国家公园应将各项收入上缴中央财政，其各项支出也由财政统筹安排。建立财务公开制度，确保国家公园各类资金使用公开透明。

建立健全森林、草原、湿地、荒漠、海洋、水流、耕地等领域生态保护补偿机制，加大重点生态功能区转移支付力度，健全国家公园生态保护补偿政策。鼓励受益地区与国家公园所在地区通过资金补偿等方式建立横向补偿关系。

（2）建立多元资金保障机制，设立专门的国家公园基金会，统一接受来自企业、社会组织、个人等社会捐赠资金，并进行统一管理，公开捐赠资金用途，接受社会监督。

3. 社区参与

国家公园与社区的问题是国家公园体制建设的核心问题之一。我国作为人口大国，国家公园内部及周边存在大量社区。如何协调社区居民的发展权益和国家公园自然志愿和生态环境原真性和完整性的保护将是国家公园体制建设成败的关键。依照保护方式不同，研究团队将社区机制分类为"严格保护""引导保护""主动保护"。

（1）"严格保护"类型。在国家公园范围内，为保护自然生态系统的原真性，对于有搬迁需求、对生态影响较大的社区可以采取民主协商的方式，进行异地搬迁，对于社区原址进行生态修复，维护原有生态系统本貌。搬迁工作需以"公平、公正、公开"的原则，尊重原住民习俗、文化、宗教，尊重并维护社区居民的发展权益，做好社区补偿工作。

（2）"引导保护"类型。对于国家公园内部及周边区域不具备搬迁条件或可行性的社区，政府应当主动激励、引导社区参与到自然保护、国家公园建设等工作中。政府应以生态岗位、生态产业为引导，以生态文明教育为重要手段，将社区培养为重要的生态文明建设的参与方。可以通过护林员、宣传员、讲解员等国家公园相关的岗位，选拔、培养社区群众，辅以政府主动的生态文明教育和生态产业（如生态种植业、生态养殖业）推广，逐渐将社区生计与生态保护结合起来，提高社区群众对生态保护的重视程度和适合本地的生态知识，充分发挥社区群众的能动性。

（3）"主动保护"类型。不同于前两种针对自然生态系统的保护类型，在"主动保护"类型中，原真性目标定位为"保护原有的人与自然和谐关系"。该类型的社区不仅仅作为自然保护的参与者，而且其原有的与自然和谐相处的生产生活方式和社区传统文化也作为国家公园的重要保护目标。为保护原有的人与自然关系，政府不仅要采用传统的自然保护模式，保护生态系统不受额外人类活动侵扰，并且要主动维护、帮助原住民传统的生产生活方式。一方面，政府需要保障社区居民的发展权益，通过生态标签（eco-label）、政府产业扶持等方式，提高原有生产模式的利润，并且要在不影响生态系统的前提下改善社区生产生活设施。另一方面，政府应当搭建科研平台，挖掘地方性知识，保留地方传统文化的资料，不仅要保障生态系统的原真性，也要保证生态文明和传统知识的"世代传承"。

4. 社会参与

除公益捐赠外，企业、非政府组织、个人在以国家公园为主的自然保护地体系中还可以扮演更多角色。不同社会组织在国家公园和自然保护地治理中扮演的角色也不尽相同。但是不同组织自身定位是多方面的，社会参与机制框架主要为实现社会组织在政府主导的治理体系中的作用而搭建。

（1）非政府组织（NGO）。非政府组织在保护体系中可以扮演补充保护和经验提供的角色。协助地方政府规划、管理自然保护地，提供国际经验，总结实验性经验。在有效监管范围内，政府可以给予非政府组织一定的操作空间和政府认证。

一方面，在非政府组织帮助提供国际经验上，取得了一定的成效。例如，在普达措国家公园建园之初，TNC帮助地方政府开展公园建设规划，并帮助提供生态环境教育的设施。另一方面，部分非政府组织已经卓有成效地帮助地方政府管理了一些自然保护区，不拘于传统的自然保护区模式，非政府组织采取了社区参与、志愿者参与等多种模式，为政府提供极有借鉴价值的实验性经验。

（2）志愿者。志愿者通过培训后，可以作为国家公园的志愿讲解员，为国家公园的游客提供自然解说和生态教育，同时，高水平的讲解员可以反过来作为培训师培训国家公园的管理人员和讲解人员。志愿者制度需要政府构建平台，积极宣传，以达到"一呼百应"的效果。

（3）产业支撑。通过发展生态农产品、开发生态特色小镇、发展入口社区等方式，有效支持和引导企业帮助国家公园周边社区发展生态友好的替代产业，发挥企业资金、技术、人才等方面的优势，实现生态保护与社区生计协调发展。

（4）人才教育。依托高等学校和企事业单位等建立一批国家公园人才教育培训基地，提高国家公园工作人员的专业素养。

（5）社会监督机制。公开财务状况、保护成果等信息，支持和鼓励包括媒体、非政府组织在内的社会各界对国家公园工作的监督。

7.1.2　协调过渡机制

国家公园生态系统和自然文化遗产保护机制的建立绝非一日之功，需要统合中央政府、地方政府、社会组织、社区等多方利益主体的力量。其中最重要的便是通过协调过渡机制整合政府各层次、各部门和各级行政人员的力量，实现整个行政系统的有效运转和协同一致，完成和实现政府管理国家公园复杂事务的职能构建。

协调，是指"在管理过程中引导组织之间、人员之间建立相互协作和主动配合的良好关系，有效利用各种资源，以实现共同预期目标的活动"（张康之等，2002）。国家公园管理涉及林业、国土、环境、能源、农业、外交、扶贫等多个部门。在我国，每一个部门都有系统的机构和职能安排，如林业部门内部，细分为法律、资源管理、计划、科学技术、营林、野生动植物保护等，涉及林地、荒漠、湿地等土地利用方式。相关利益者作为行动者，在政策过程中，包括政策目标、政策措施、政策行动等方面会存在冲突，协调机制有助于缓解冲突，通过共同目标的塑造与强化，以此来增强不同相关利益者在国家公园治理中的凝聚力。

国家公园体制建设作为一项新的政策方向，根据各国实践，我们认为可以由国家发展和改革委员会牵头有选择性地成立下列机构以推动国家公园的建设：（1）国家公园建设指导委员会；（2）国家公园建设与协调办公室；（3）国家公园体制建设咨询论坛，工作委员会或工作小组，以及特别工作小组。如果成立，协调机构必须明确其目的、成员组成、工作日程、主要活动、决策安排、资金来源和报告程序。

1. 国家公园建设指导委员会

国家公园建设指导委员会应当是跨部门的委员会，中央以下各级政府也应当对等成立一个跨部门指导委员会。这个委员会的主要职责是：指导国家公园体制建设过程；协调各部门政策，避免冲突和相互矛盾；确保主要的利益相关者以积极的参与方式介入国家公园体制建设过程；监督和评估各团体的工作；解决涉及跨部门的问题。为了真正体现相关利益者的参与，这个跨部门委员会应当吸收主要利益相关者的代表参与，并吸纳专家、学者参与。

2. 国家公园建设与协调办公室

国家公园建设与协调办公室是一个实体机构，在国家公园建设指导委员会指导下开展工作，设立在国家发展和改革委员会，负责国家公园的筹建。一个国家公园建设，需要大量的协调工作，涉及中央各部门、相关省市，必须有一个强力部门才能实施。这个办公室是一个具体国家公园的建设整个过程的管理和实施主体。国家公园建设过程，就是一个复杂相关利益者磋商的过程，新制度、新模式和新治理格局的形成过程。需要一个由生态学、人类学、社会学、经济学、政治学等多学科知识背景组合的专家团队来实施国家公园的组建。一般来说，国家发展和改革委员会难以为一个公园的建设常备一个多学科背景的团队。在实际操作中，通过组建一个 5～10 人的多学科专家小组，国家发展和改革委员会相关部门可将其职能赋予这个专家小组。

3. 国家公园体制建设咨询论坛

国家公园体制建设咨询论坛是创建一个为不同利益相关者筹商交流的平台，是政策决策和管理民主化的手段工具。国家公园体制建设咨询论坛的成功，在很大程度上取决于高级别领导和专家的参与，提出高质量的对公园建设有重大影响的政策报告。论坛组织者必须制订一个可行的多年政策论坛计划，为每次论坛设立明确的主题。在组织论坛过程中，保持与所有与会者充分的交流，提供充分的信息。选择会议主题要紧跟国内外国家公园建设的热点和难点问题。

4. 特别工作小组

通常情况下，国家公园主要利益相关者中总是有少数特别重要但是缺乏组织的利益主体，他们往往在政策制定过程中被边缘化，这些利益主体包括林农、村民、小规模私有林主、小规模林业企业。因此，有必要组织一个特别工作小组（focus group）来解决实际工作中的这一问题。这个特别工作小组作为那些缺乏组织的代表，收集这些利益相关者的政策需求，并反映到国家公园建设过程中。特别工作小组是实现弱势群体参与国家公园建设过程十分重要的手段。需要指出的是，特别工作小组成员可以部分来自该利益相关者的成员，而不见得全部由专家学者组成。在中国，应当鼓励专家和学者与利益相关者代表共同组成特别工作小组，这样更能够反映弱势利益群体的利益诉求。

特别工作小组不能预设问题和立场开展弱势群体政策需求研究，无须设计封闭式结构化问卷去开展一定规模的抽样调查。而采用半结构式的问卷，甚至开放式的问题，以便于与该利益群体沟通和交流，客观地反映出他们的意见和政策需要。在这个过程中，所采取的方法和工具的根本目的是充分收集到这些利益群体的意见。

5. 国家公园建设跨部门和跨地区协调机制

（1）政府上下级间的合作

实现纵向合作，关键在上一级政府，而关注地方的不同政策需求是焦点。国家层次的机构需要特别重视地方的政策需求、反映基层的政策现实。一般来说，国家公园建设过程，不可能到全国每一个角落去征求相关利益群体的意见，也没有必要如此。尽可能充分利用好现有的信息资源，充分理解地方政策需求的多样性是开展这项工作的基础。

关注地方多样化的政策需求，主要从两个方面入手。一是放权和支持地方政府国家公园建设，给予地方操作空间，支持地方政府充分挖掘地方性知识，因地制宜地开展国家公园建设。二是开展国家公园建设要组织召开一系列地方政策研讨会，尽可能让该地区的利益相关者参与到国家公园政策制定的过程当中。

国家公园建设可以要求各地提出公园建设方案，并分析所针对的问题、受益群体、目标和预期产出、政策实践含义、行动措施和政策实施面临的挑战和机会等。综合不同地区的政策偏好和分析报告，形成政策建议集，再反馈给地方，针对这些政策集进一步评估。

公园建设工作组可以通过设立产权、公众伙伴关系、社区等交叉主题的方式，理解地方公园建设需求。这些交叉主题对不同地区的重要性相对不同，要求各地根据实际选择交叉主题开展政策研究。这样有可能照顾到各地实际的公园建设需求，客观反映各地的差异。

（2）跨部门合作

推动跨部门合作，可以在不同部门之间共享信息和资源，避免潜在的冲突，增强政策实施的协调性、统筹性。公共政策的实施往往需要多个部门之间的配合，跨部门合作至关重要。跨部门合作需要建立平台，如协调小组等，还需要仪式，如通过签署协议、签署备忘录等方式来确认，联席会议、专家顾问委员会等非正式方式也可以被用于跨部门合作。

（3）跨地区合作

跨地区合作事项应作为"中央—地方共同事权"，由中央统筹介入。推动跨区域合作是当今各国治理的又一道难题。如何推动跨区域合作，实现非零和博弈的均衡，能使双方受益，这还存在许多理论上和方法上的难题。我国推动长三角一体化、京津冀一体化、南水北调等重大跨区域合作总是存在这样或那样的困难，往往都需要中央政府的强力介入。若无强有力的地区合作机制保障，跨省国家公园的管理未来也会同样如此。中央政府部门在行使协调职能的过程中，还是要以区域政府间自主协商的充分性为前提，减少中央政府权力对区域性事务的过度干预，形成最终区域自主协商和中央介入协调的有机统一。

7.2 准公共物品治理机制

国家公园可提供大量准公共物品服务，其中以环境教育较为典型。国家公园环境教育重在提高个人对环境的认知，建立人与自然更协调的关系，具有很强的公益性。国家公园提供一般性游憩体验服务、社区为基础的自然资源可持续管理、社区可持续生计促进等均具有准公共物品的特征。本节以环境教育为例，构建准公共物品的治理体系安排。

如图 7-2 所示，根据教育内容、教育人群不同，研究团队将环境教育分为环境知识教育（关于环境的教育）、环境价值教育（为了环境的教育）、环境认知教育（在环境中的教育），并将环境教育机制细分为四个子机制。

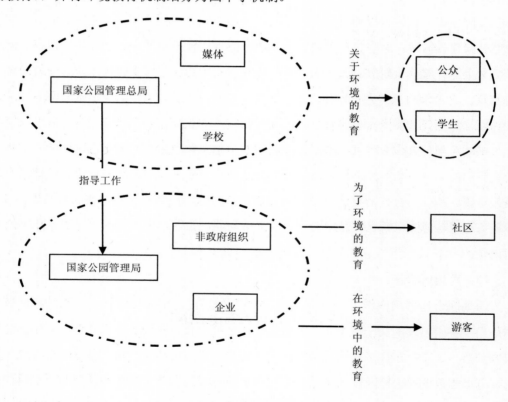

图 7-2　环境教育机制

7.2.1　环境知识教育机制

环境知识教育，即关于环境的教育，主要针对社会公众和学生，重在使目标人群了解自然，宣传环境政策，传播环境知识与技能。国家公园管理总局科技教育司可分别通过与媒体、学校等不同平台的合作，向公众、学生等不同受众传播环境教育。

7.2.2　环境价值教育机制

环境价值教育，即为了环境的教育，主要针对国家公园范围内及周边地区的社区居民，重在使目标人群关心和保护环境。配合替代产业等政策，国家公园管理局可利用环境价值教育的契机，重构社区居民对环境的价值和态度。在环境教育中，非政府组织、企业等社会团体可提供替代产业、教育人才培养、知识资源等相关支持。

7.2.3　环境认知教育机制

环境认知教育，即在环境中的教育，主要针对在国家公园中游憩体验的游客，重在使目标人群理解自然，在自然体验中不仅获得环境知识，而且培养对自然的情感。在企业组织游憩活动中，国家公园管理局的相关部门和非政府组织可合作组织安排自然环境认知教育活动，将人们简单抽象化的环境资源认知转变为尊重自然的温暖情感。

7.2.4　环境教育指导机制

在国家公园行政管理体系内部，国家公园管理总局科技教育司应当承担起对地方国家公园自然教育的指导工作，总结并推广工作成果。

7.3　私人物品的治理

市场对配置资源效率，解决园内社区居民的生计，推动政府、社会机制良性发展等均具有不可替代的作用。在国家公园内，市场化机制必须予以优先考虑，以防范政府机制恶性膨胀，这对我国现阶段资源管理具有十分重要的现实意义。国家公园可以提供许多私人物品的服务，以游憩体验最为典型。在现有 10 个试点国家公园中，武夷山、普达措、长城的旅游业已经对自然和人文资源产生了不利的影响。市场机制需要以法律、法规的制约，或需要以制度化的手段纳入国家公园行政管理权限中。

7.3.1　游憩体验机制

如图 7-3 所示，游憩体验机制的核心在于特许经营权。特许经营权（concession）是指有权力当局授予个人或法人实体的一项特权。参考其他领域（如燃气特许经营），国家公园作为一种全民所有的特殊资源资产，其特许经营权应主要由国家公园管理总局或单个国家公园的管理机构作为授予主体，以招标投标的方式选择具体的经营者。研究团队认为，特许经营权管理应当吸纳地方政府的参与，并将特许经营费纳入地方财政管理，旨在提高地方政府参与国家公园管理的积极性，提供并最大限度地构建国家和地方利益共同体。

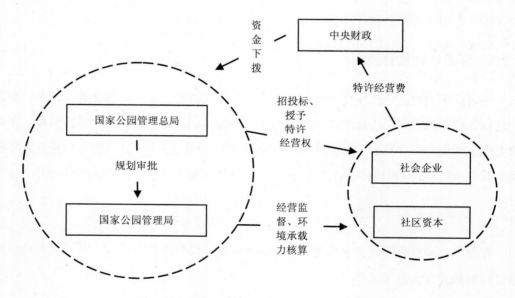

图 7-3　休憩体验机制

在特许经营机制中，主管部门拥有单方取消权。主管部门若发现获得特许经营的企业的违规行为，可以依法终止特许经营协议。如擅自处置所经营的自然资源，管理不善、资源受损，擅自停业、歇业和其他违法违规的行为。

在游憩体验机制中，国家公园管理总局对游憩经营业务向社会招标。社会企业通过投标的方式竞争特许经营权，在竞标成功后，由国家公园管理总局向企业授予特许经营权。在经营前，地方管理局会事前核算国家公园的环境承载力，并通过规划方案的形式上报国家公园管理总局，在国家公园管理总局审批通过后，方可开展经营活动。在经营过程中，地方管理局对企业的经营行为进行监督。若发现企业违规行为，地方管理局可上报国家公园管理总局，并由国家公园管理总局责成企业整改；如违规行为恶劣或企业整改不力等，国家公园管理总局有权依法终止特许经营协议。

在竞标成功后，上交国家公园管理总局的专项管理账户。而中央财政将依照国家公园管理部门的支出预算下拨其运营资金。

在特许经营过程中，条件成熟的情况下，应当鼓励社区参与当地国家公园的特许经营的投标。

7.3.2　过渡机制

1.　代理人与委托人的边界问题

发展与保护之间的问题，首先应当明确国家公园和市场之间的边界。为进一步探讨，我们将市场进一步分类为国有企业主导型市场和自由市场。

在研究团队所调研的国家公园中，政府和国有企业的边界是模糊的。一方面，企业（主要是指景区管理公司）承担了地方发展的主要财政压力，且往往是国家公园所在地区的支柱型企业。另一方面，在某种程度上承担了政府的很多工作压力，如长城国家公园的摊位拆迁、普达措国家公园的社区建设。因此，国有企业的性质不能仅仅作为谋取市场利益的市场理性个体，也不应因其市场化不够完全而不假思索地大加鞭挞。应当在国家公园现有市场机制的实际情况下，加以引导和激励，以达到更严格的资源保护的治理目标。

自由市场和政府管理之间的边界更为明确，私人资本的运作主要是以盈利为目的更纯粹的市场行为。而在这些国家公园中，私人资本在发挥其市场作用后，多被政府以赎买等形式排挤出了国家公园的旅游管理。在此之后，留给自由市场的空间较为狭小。

由于委托方和代理方的边界模糊，国有企业参与的特许经营机制必定很难保证委托方单方取消权的效力，从而创造出寻租空间。

2.　过渡机制设计

研究团队认为，市场机制架构的完善不能也不可能一蹴而就。而且市场机制不能孤立开来，应与其他机制，尤其是政府机制和社会机制密切联系，协同治理。

考虑到国家公园市场经营现状，国有企业依旧占据着国家公园旅游开发利用的垄断地位，直接实施特许经营权制度，可能所取得的成效并不显著。因为面对国有企业的特殊地位，单方取消权形同虚设；而面对国有企业现阶段垄断经营的事实，通过招标投标的方式，吸引社会资本，对现有市场机制推倒重建，这种途径的治理成本极为高昂，短时间内也并不可取。因此，贸然地实施特许经营制度，为了特许经营而特许经营，只会加重国有企业的税收负担，而没有改善治理结构的现状。

为减少治理成本、为旅游开发设定合理限额，应当将国家公园与市场合作机制同政府监督机制、政府财政转移支付机制、社会资本参与机制等机制放入一个整体框架中进行思考。

如图 7-4 所示，首先应当明确市场机制的作用是在控制旅游开发强度的前提下，提高公司运行效率和旅游服务质量。更严格的保护与国家公园原真性和完整性要求，并不是完全杜绝旅游行为。2016 年，我国旅游人次达 33 亿，国家公园依照"国家所有，全民共享，世代传承"的方针，应当明确国家公园旅游承载能力，依照技术标准有限度、有节制地满足游客需求，这也是市场机制的意义所在。

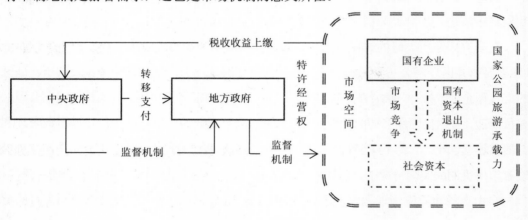

图 7-4　过渡机制

在地方政府财政收入和国家公园市场经营分割开后，国有资本所承担的地方发展和财政收入的重任在某种程度上被卸下，转由中央政府对地方政府进行转移支付。这为市场机制的建立提供了良好的外部条件。

为了解决国有企业经营效率和旅游服务质量偏低的问题，应当以长远的眼光，现阶段以国有企业作为主要的经营主体，并给予国有资本一定的时间退出，并引入社会资本，以提高国家公园旅游市场的竞争力度。并在市场竞争的前提下，引入特许经营权机制，改善国家公园的旅游市场环境。同时，应当鼓励社区资本介入国家公园经营，保障原住民发展权益。

第8章　试点阶段国家公园治理体系的建设

我国国家公园体制试点将进入一个新的阶段，在 2018—2020 年的 3 年间，我们认为国家公园治理体系的探索需要从顶层设计、遴选机制、监督评估机制、社区机制、协调机制等方面进一步开展工作。试点阶段需要设计一个治理安排，以推动国家公园治理体系的建设从起步阶段就在正确的轨道上，这样可以避免方向性的失误。

8.1　国家公园治理体制机制拟解决的问题

8.1.1　顶层设计

中央政府在资源管理中缺位。我国 30 年来经济的高速增长，得益于地方政府"GDP竞标赛"的制度安排。在享受经济高速增长的同时，社会也面临着资源环境的过度消耗。党的十八大以来，生态文明制度建设在很大程度上是建立起一个新的制度安排，以增强中央政府管理自然资源的权力。无论如何，中央政府都需要以适当的方式创新机构，以加强管理的权力。因此，成立国家公园管理部门是必需的。

在试点阶段需要明确国家公园试点管理顶层设计。国家公园面临着"谁出钱""谁管人""资产如何管"等治理顶层设计缺失的问题，还面临公园管理者认识和知识能力不足、人才匮乏、资金短缺、管理协调不力等普遍性问题。

8.1.2　社区建设被长期忽视

在美国、新西兰、加拿大等国家，一个国家公园的建设周期很长。公园建设的关键在于能否形成集体的共识，也就是通常我们所说的社区重建过程。20 世纪 60 年代以来，这些率先工业化国家在环境运动等各种社会运动过程中，逐步重建了社区，只是它们的社区和中国传统村落形成的社区不完全一样，它们偏向于共同的兴趣、爱好和认知，而我们偏向于亲缘、地缘、业缘。21 世纪以来，中国物化主义的发展逻辑压倒了人本主义的发展导向，各国家公园试点区拥有优厚的自然资源，社区基本格局越来越反映了资本和权力的利益与意志，忽略了当地社区的真实需求。权力和资本、当地社区居民物化的需求和及时变现的迫切愿望重塑了当地公共资源的配套、人与自然资源之间的关系。相应管理制度的缺失及巨大经济利益的驱使，致使市场行为难以约束。武夷山、普达措、长城脚下的传统社区在市场化潮流的冲击下，生计方式逐渐发生转变，村庄内部治理体系逐步瓦解。

国家公园试点地区的地方政府往往不得已组建国有企业，推动与当地社区的合作，并为当地社区经济社会发展和基础设施建设投入大量的资源，推动社区参与旅游开发，建设特色旅游景点。然而旅游开发是在各级政府的推动下，或联合 NGO 的介入进行的，社区处于一个被动的地位，无论是替代产业还是相关技能培训均有政府和 NGO 的影子，使得社区在利益分享过程中处于相对弱势地位。例如，普达措等国家公园是少数民族聚集地，社区群众信奉各式宗教，而一些建筑和树木依附着当地精神文化含义。彝族社区均会拥有一片社区管理的水源林、庙宇林、神山、神树、坟山。傈僳族传统建筑蕴含了生态的内涵，与自然环境的和谐共生，能体现当地的风俗人情，是民族文化的最佳载体，然而无论是传统建筑还是富含文化意义的树木都难以被开发商接受，导致传统文化流失。

8.1.3　社区、社会、市场和政府之间缺乏协调机制

老君山国家公园[①]管理局、玉龙黎明老君山地质公园和三江并流风景名胜区"三块牌子、一套人马"管理国家公园，不同类型保护地空间重叠，各管理部门职能交叉，部门之间缺乏协调机制，造成公园内多管理部门但又缺乏有效协调的现象，如国家公园管理主体不具备行政执法权，对于园区内土地建设没有前置审批的资格，园内私搭乱建、乱砍滥伐等违法违规行为未能有效管理。老君山国家公园努力分离经营主体和管理主体，但是考虑到当地政府和社会经济发展的需要，这一过程中往往会出现政府越位，模糊与市场之间的边界。在当地政府的领导下，老君山当地积极与社会各界力量合作，试图借国家公园的机会缓和资源开发使用与保护、协调各部门之间的关系，但是如何缓和、怎么协调仍然处于摸索状态。

---

① 云南省级自行划定国家公园，非试点区。

8.1.4　碎片化严重

1．行政管理破碎化

国家公园内的土地目前仍分属世界自然遗产地、风景名胜区、自然保护区、国家地质公园等不同类型保护地，分别由建设、国土、林业、环保等不同部门命名和管理。国家公园管理机构在履行国家公园管理过程中不具备行使综合行政执法的主体资格，没有被赋予应有的行政权限和法律地位，实施统一有效的综合管理十分艰难，资源与生态保护管理执行能力差。

2．生态系统破碎化

试点国家公园内，不断增加的旅游设施、居民点、道路、农田蚕食了生态系统整体性，重要生态群落系统处于威胁之中。

3．产权关系混乱

国家公园规划区内，土地所有权分属国有和集体，其中绝大多数农村的土地使用权已经落实到农户手中。近些年，土地流转日盛，不少国有土地和集体土地使用权被流转到经营大户、外来投资者手中。

8.2　创建国家公园阶段发现的新问题

8.2.1　野蛮市场机制如何管制

武夷山、长城、普达措等国家公园试点区，游客数量超出了保障自然生态系统和人文景观原生性和完整性所能承受的能力。尽管伴生于庞大游客数量的市场经营活动是有序的，私有机构和国有企业、地方政府合力做大了市场，对改善当地社区居民生活和地方经济发展功不可没。然而，相对于保障自然生态系统和人文景观的原生性和完整性，这些市场机制是野蛮的。在过去的两年试点阶段，这些地方政府面临着极其艰难的选择。不改不出事，要改又无从下手。研究团队认为：现阶段地方政府在稳增长、保稳定的巨大压力下，很难做出决断，国家公园新的治理格局形成需要中央政府给予谅解和指导，让他们有一定的回旋时间，以化解历史积累下来的问题，控制公园内的经营活动。按照"严控增量，疏解存量"思路，明确国家公园旅游承载限额和开发上限，控制国家公园的旅游开发，并向周边景区疏导旅游需求。设法推动国家公园内的游客实现零增长，甚至负增长。

8.2.2　对国家公园内涵达成共识还需要时间

研究团队认为，三年的试点不足以让政府各相关部门、学术界和社会公众达成对国家公园内涵的共识。中央及各级部门、各公园试点单位都需要寻求研讨会、听证会、辩论会、自媒体等多种工具，加大发动各界介入公园建设的辩论中，从而在较短的时间内就国家公园的具体内涵达成广泛的社会共识。

8.2.3　社区机制没有予以重视

各试点公园都能认识到社区是必须重视的问题，然而，几乎还没有任何创新的行动设法将社区融入国家公园体系中。现行的做法总是试图将当地社区排斥在自然资源管理之外。这不符合中国国家公园建设的方向，研究团队认为，中国作为具有悠久文明的人口大国，中国的美丽和自豪不只是秀美的山川，更重要的是长期以来人与自然资源长期相处中形成的生产生活方式和丰富多彩、深厚的文化底蕴，其中包括蕴含生物多样性维护的生态知识和乡规民约。少数试点单位，如青海三江源国家公园试点一些具体措施可能会伤害到社区机制，而不是推动社区机制的维护和发育。

8.2.4　协调机制有待完善

域内部门间横向协调机制尚不健全，而且跨区域横向协调机制步履维艰，垂直协调机制有待完善，公众参与机制缺失。中央政府和各试点公园所在省都成立了跨部门的联席会议机制，中央还成立了专家工作委员会。跨区域协调机制建设需要中央政府的介入，中央—省政府—地方还需要寻求更好的协调手段。在试点的两年中，尚没有深入思考如何建设一个公众参与机制，以推动全社会参与到国家公园体系建设的过程中。

8.3 国家公园治理体系建设的基本要点

作为我国国家公园建设的先行者，试点地区国家公园在规划体系、管理机构和法律体系建设方面取得了一定成绩，建立了多利益主体共同合作的发展方针，注重建立多方面合作伙伴关系，市场导向的旅游开发模式。在公园治理体系建设中，应高度重视当地社区的参与和受益，完善法律法规体系，解决公园行政管理、生态、产权等破碎化等问题，就试点国家公园治理实践，对我国国家公园治理体系建设提出以下几点设想。

8.3.1 明确将社区文化和生态系统管理纳入我国国家公园内涵中

探索建设中国特色的国家公园，绝不意味着可以抛弃国际上对国家公园性质和内涵的普遍理解。在我国国家公园建设的初期，应当树立"尊重自然、顺应自然、热爱自然和保护自然"的理念，明确国家公园建设的首要目标是自然生态系统保护，而不是旅游。中国特色，应当充分反映中国是一个人口大国，拥有多样的传统文化、丰富的人文景观和复杂的社会—生态系统组合。在中国广袤的地域上，中国生物多样性和自然景观已经与当地人的生产、生活、文化实践紧密构成了一个整体。当地丰富的传统知识体系、风俗习惯、宗教信仰、组织体系、习惯法等均构成了社会—生态系统的组成部分。面对全球化、市场化和技术的快速发展，当地社区已经被裹挟进快速的社会经济变迁进程中，对当地社会系统、经济系统、知识体系和宗教文化习俗产生了巨大的冲击，可借国家公园建设加以保护。次要目标是为国民的修身养性和环境教育提供场合。发挥其自然生态系统的多种功能，让国民近距离亲近、感受自然生态环境、接受自然洗礼、品味传统精神、传承文化内涵；增强国民热爱祖国大好山河和历史文化，唤起人们热爱生活、感悟生命真谛，增强民族认同感、自豪感和爱国情操；展示我国生态文明建设成果，成为世界认识中国生态文明建设的名片。

8.3.2 探索社区和社会、市场与管制机制的均衡和协调

国家公园是在中国现有生态保护体系之上建立起来的，在中国国家公园体制建设的初期，必须防范各级政府和相关部门权力任性和非理性扩张。首先，应当克服国家公园建设不能变成一个"规划—审批—建设—验收"政府主导的跑项目、要资金的建设项目。

国家的公园体制建设需要考虑整体布局，该在哪儿建就应当在哪儿建，该在哪儿优先建就在哪儿优先建，该花多少钱就应当花多少钱，该是谁的责任就应当是谁的责任，无须各级政府各个部门之间讨价还价。其次，厘清政府与市场的边界，国家公园不是一个营利部门，仍是保护地的一种形式，仅是在处理当地社区发展与经济发展矛盾问题时，酌情适度开发生态旅游。政府是执行严格保护管理的机构，市场是开发的主体。同时要加快国家公园立法，使得国家公园管理主体有法可依。最后，鼓励社会公众广泛参与国家公园体制建设。加强国家公园与科研机构、学校开展科研教育活动，发挥国家公园科教功能；促进社会组织与国家公园的合作，发挥社会组织在国家公园治理中的作用；增加NGO、企业与社区合作的机会，构建让公众参与国家公园的规划、建设考核和反馈的参与机制。

8.3.3　赋予地方创新灵活的国家公园治理结构

面对我国不同地方错综复杂的生态环境、发展状况、人地关系等条件，国家应当允许地方政府发挥在国家公园治理体系上的想象力和创造力，要把克服行政管理碎片化作为国家公园治理体系构建的中心。在中央政府层面，应建立一个常设专家委员会作为最高决策机构，负责法律文件起草、国家标准制定和国家规划文件制定。由国家发展和改革委员会社会发展司国家公园处编制五年规划和落实法律和规划授予的权力。成立国务院牵头，发改、财政、林业、国土、住建、环保、交通、旅游、农业等相关部门组成的联席会议制度负责相关法律文件的协调、政策和规划落实过程中存在的问题。国家公园基础设施建设、科学研究、规划设计和公园管理人员的开支等由中央政府足额财政转移支付，由各省（市、自治区）负责国家公园的建设和管理，而对地方政府的规划实施监督在条件成熟时应当委托给市场化的中介机构或大学科研机关。坚决堵住地方政府竞标赛式相互竞争开展国家公园建设。

应当允许省级政府自行设计省一级国家公园管理机构安排，原则是能不设立就不设立，以减少管理层级。在国家公园所在市（或县），成立国家公园管理局，职能仅限于法律授权的管理和服务，由中央财政足额拨款。而公园管理局的主要领导由省一级人民政府委派，各公园成立国家公园委员会，由地方政府、社区代表、独立专家和公园管理局代表组成，秘书处设立在公园管理局，为该国家公园最高决策机构，负责该国家公园建设和管理的决策和实施监督。

8.3.4　尊重当地社区的产权安排，推动共享产权制度构建

自然生态系统的碎片化与公园内自然资源复杂的产权关系密切相关。而复杂的产权关系形成有其历史逻辑，大幅度调整产权关系必然会带来传统知识和文化的流失、传统社会结构的破坏和新的矛盾和利益冲突。因此，在国家公园建设过程中应尽可能照顾到当地社区对各类国有资源的传统使用权和稳定自然资源的集体产权安排。在国有土地上，要尊重当地社区传统的进入权和收益权。要尊重当地社区传统的文化习俗，尤其要保护庙林、神山、神树、风水林、坟山等。我们主张，加大对园内社区培训和替代生计的发展，逐步弱化社区对自然资源的依赖。推动社区组织的发展，充分发挥社区自然传统管理规则的作用，使社区内的集体行动作为公园自然资源治理的主导力量。园内禁止建设缆车等特种游览和娱乐设施，可在园区附近划出或预留一些开发区，开发游憩服务。这样可充分发挥公园对当地旅游市场开发的带动作用，并在游客超限时适当疏导游客，减少游客对国家公园的压力。

8.4　试点阶段国家公园治理的建设重点

2018—2020 年，在新的试点阶段，我们建议国家公园治理方向开展以下几个方面的工作。

8.4.1　关于顶层设计

成立中央层面的国家公园管理局。其职责：（1）负责制定全国国家公园中长期规划；（2）代表中央政府行使对国家公园的所有权；（3）协助全国人大起草《国家公园法》，制定相关条例和标准、技术体系；（4）探索不同国家公园的管理模式。对跨省区的国家公园，如大熊猫、东北虎、祁连山、武夷山等国家公园，由国家公园管理局直管。而位于一个省（区）的国家公园，可采取委托地方政府管理国家公园的形式。

成立全国国家公园中长期规划专家组、国家公园遴选专家组，在 10 个国家公园试点以后，不再开展试点工作。根据规划安排和遴选后国家公园的优先顺序，国家公园管理局授权一个特别工作组与相关地方政府谈判，筹建新的国家公园。中央层面的国家公园管理局不负责国家公园建设，而交由地方政府和专业机构协作完成，国家公园的建与

管分开。

明确国家公园管理局的职责。我们认为：国家公园管理局的权力清单必须短而有力。力求避免又一次成立了一个新的权力机构，严防"九龙治水"，变成又加了一条龙，成为"十龙治水"。中央层次，要尽快委托国家级智库组建国家公园论坛，以听取不同相关利益者的意见，推动全民辩论。

地方层面，要加大国家公园管理人才的培养。治理体系建设，从政府治理到政府协调的多元治理这个重大的转变，必须依托于人才的培养。公园工作所需的沟通协调能力、社区工作能力、系统解说能力、亲自然的游客服务、公众教育服务等必须以人才为保障。试点公园现有人才结构难以支持上述的转变。

明晰法律解释。在新的试点期间，公园内适用法律法规安排，可建议国家发展和改革委员会提请国务院，就国家公园内适用自然保护区、风景名胜区、旅游等相关法律法规给予一定的法律解释。以鼓励各地制定国家公园管理条例，鼓励各地大胆试验新机制新体制。我们认为在试点期间，在没有恰当的财政资源投入制度安排的条件下，各公园应依然保留自然保护区、风景名胜区等牌子，保障国家公园治理体制改革平稳过渡到以国家公园及相关法律和各国家公园总体规划作为基础性、纲领性的治理架构。

8.4.2　协调机制

着力创新跨地区的协调机制问题。跨区域的问题必须得到上一级政府的介入才能得以协调，而缺乏其他协调机制是一个普遍的问题。这需要鼓励学术机构、社会组织介入，寻求恰当的协调机制来解决这个问题。

完善政府间纵向协调。科层制行政体系是我们必须面对的客观情况。需要智库或有影响力的社会团体作为中介，以进一步改善纵向协调问题。武夷山、长城、三江源等国家公园纵向协调亟须改善。

建立公众参与的机制。需要智库建立平台，促进公众的辩论。需要协调企业、社会团体和个人，共同推动全民环境素养的提高。需要通过网站、微信等多种传播手段，为公众、专业人士、管理者提供必要的知识和信息。

促进社区间、社区与公园间协调机制的形成。通过创新，以诸如社区协商委员会、社区公园联谊会、社区咨询委员会等多种形式，推动社区参与公园管理的决策、管理和跨社区事务的协调。

8.4.3　社区机制

严管基建。开展公园内社区村镇规划，园内现有建设用地绝不能增加，鼓励园内居民搬迁出去。公园内能不建设就不建设，能少建设就少建设。任何可能对生态系统原生性和系统性有威胁的建设，都不能建设。

建设无污染零排放环境友好型和资源节约型的社区。园内社区应当成为生态文明的先锋，园内居民应当有信心成为生态的楷模。可以用闲置的房屋，吸引一批环保主义者进入，改造社区走向极少化工产品使用、低垃圾产出、零碳排放社区。

恢复传统生产系统和弘扬传统文化。传统生产系统也是生态系统原真性和完整性的组成部分，尤其是在人口稠密、历史悠久的公园区内。采用多种机制和方法，在尊重当地人民追求美好生活的前提下，推动恢复传统生产系统、弘扬传统文化。

多样化的自然资源产权管理机制。需要采用征收、租赁、协议等多样化的形式以增加公园对集体林地和草地等自然资源管理的权利，也可推动自然资源社区管理机制，旨在推动自然资源私人使用权向集体产权过渡、向公共资源过渡。

加强社区建设。推动党建带动的形式多样的社区机制的建设，以丰富多彩的形式，包括传统知识维护、村规民约、地方节庆、尊老爱幼、社区互助等。

8.4.4　社会机制

着力培养社会组织。各试点公园可推动当地的自然保护和传统文化团体的成立和发育。公园当为他们提供平台，并寻求合适的机制让他们介入公园治理中。鼓励地方企业承担社会责任，支持他们成立环保类的基金会，以支持自然资源保育、环境教育和社区发展等工作。

各级政府可为各类涉及国家公园的环保型组织提供实践和机制创新的平台。国家公园在协调、社区、治理等方面缺乏人才和专业知识，地方政府应当从公园建设资金中切出一块，寻求专业的社会组织在培养公园管理人才的同时，开展相关工作。

支持国家公园与相关院校和科研单位建立正式的合作关系。公园应当为相关院校和科研单位提供方便的工作环境。公园应当遴选出长期稳定的学术机构和团队进驻，并形成公园中长期科学研究计划。公园应有一定的资源投入到社会科学的研究，以便将自然科学的研究成果变成自然资源管理的政策与实践，累积可复制、可借鉴、可推广的治理经验。

第 9 章 结 论

9.1 国家公园体制改革问题现状

9.1.1 顶层设计不明，中央政府缺位

中华人民共和国成立后绝大多数时期内，经济发展导向的自然资源和生态环境管理主导了资源环境领域体制的建设。应当看到，我国资源环境管理还是取得了巨大的成就，初步构建了比较齐备的法律、法规和制度体系，在某些领域取得的成绩令世界瞩目，此非一日之功。管理碎片化和部门分割，资源环境过度开发和使用非一日之果。回过头来看，我国资源环境缺乏周密系统的改革顶层设计，尤其是中央政府一直总体上处于缺位的状态，对自然资源管理的宏观调控能力严重不足。在以往自然资源治理中，由于中央政府缺席，部分地方政府野蛮发展而罔顾环境。我国资源环境管理问题并非小修小补所能解决。

党的十八大以来，中央政府以极大的决心和果敢的气魄掀起了生态文明建设和生态文明体制改革的高潮。国家公园体制建设作为生态文明建设的排头兵，在中央政府强有力的领导下，国家公园体制建设正在有计划、有步骤地推开。过去的五年，其成效集中体现在 2017 年 9 月由中共中央办公厅和国务院办公厅联合发布的《建立国家公园体制总体方案》中，为国家公园建设试点提供了基础文件。研究团队认为生态文明体制改革是一个长期而又艰巨的任务。各试点公园依然面临着能力不足、资金短缺、人员配置、管理协调等问题。因此，需要中央政府尽早成立国家公园管理总局，将总体方案转化为各试点国家公园建设的具体方案、行动和措施。中央政府需要在能力建设、资金保障、人员安排、部门协调、明晰央地关系上做出更大的努力，予以地方必要的监督和指导。

9.1.2 地方政府微观治理能力不足，地方政策单一化

延承原有的自然保护地体系及其保护方式，国家公园的属地政府现有的微观治理能力不足，政策多样性需求没有得到满足。由于自然保护的原有规划和相关法律法规的限制，在自然资源治理方面，地方政府能动的操作空间有限，"项目制"色彩较重，无法做到因地制宜地规划方案、保护本地具有特色的生态系统。

9.1.3 传统社区逐步解体，传统文化被忽视

我国作为由多民族组成的人口大国，人与自然本有着悠久的和谐相处的历史，但是我国自然保护体系的构建中，社区长期处于边缘的失声状态。我国国家公园试点地区大多经历过长时间的旅游开发，在地方政府发展压力的推动下和巨大经济利益的驱使下，市场行为已经逐渐失去了文化的制约。武夷山和长城脚下的传统社区几乎崩溃，社区破碎化十分严重。而社区的崩溃不仅使得治理成本陡增，而且使得我国治理体系丧失了宝贵的传统知识和文化底蕴。

9.1.4 碎片化严重，协调机制缺失

治理破碎化严重，治理体系冗杂低效。风景名胜区、自然保护区、三江并流区、地质公园、森林公园等自然保护地类型和头衔使得国家公园看似"荣誉等身"，然而林业、环保、住建、水利等诸多部门也纷至沓来。部门之间多头管理，政出多门，彼此缺少沟通和协调，管理效果极为低效。

产权破碎化严重，治理规划难以整合。国家公园产权历史复杂，政府、企业、社区等主体在公园内均有部分产权。在没有资金支持的情况下，产权破碎化问题将很难破局。

生态系统破碎化，也是国家公园所面对的生态现状。产权破碎化、治理破碎化使得国家公园内部的商业建设、农牧业开发、村庄建设都在挤压着生态系统的空间，破坏着生态系统的原真性和完整性。

9.2　国家公园治理体系规划

9.2.1　国家公园治理体制机制远景设计

1．政府纵向体制设计

本书建议在中央成立自然资源与环境委员会，下属国家公园管理总局、自然保护区管理总局、林业局、湿地局等。国家公园管理总局主要负责执法、监督、特许经营许可、公园规划，下属国家公园管理局负责社区协调、伙伴关系、科学研究、公众教育、园内特许经营监督等，管理局的运行成本应由中央财政承担。

2．协调机制设计

国家公园体制的建设需要各方主体之间的长效协调机制。在中央和各级政府成立国家公园建设指导委员会，跨部门指导国家公园建设、解决跨部门问题；国家公园建设指导委员会下设国家公园建设协调办公室，作为团队召集人和主要实施机构，同现有计划部门、多学科专家参与式地建设国家公园。同时建立国家公园咨询论坛，为不同利益相关者搭建民主协商的平台；并成立特别工作小组，保障少数边缘化利益主体的权益。

政府上下级之间实现纵向合作，关键在上一级政府，而关注地方的不同政策需求是焦点。应当支持地方政府探索不同保护方式的国家公园模式，因地制宜地开展工作，召开研讨会，尽可能吸取不同利益主体的观点。

跨部门合作机制应当建立部门间信息共享平台，增强政策实施的协调性和统筹性。跨地区合作事项，应作为"中央—地方共同事权"，由中央统筹介入。

3．市场机制设计

市场机制的完善无法一蹴而就，首先，应当由中央上收国家公园经营企业税收，再由中央向地方转移支付；其次，设定国家公园及其周边地区产业准入负面清单，严禁国家公园内部的商业开发；最后，逐步实现地方生态产业转型，给予国有资本退出路径，逐步引入社会和社区资本，实施特许经营制度。

4. 社区机制设计

社区机制的设计应当采用"分类统一"的原则，依据"严格保护""引导保护""主
动保护"的不同保护方式，以民主协商、多主体参与的方式，探讨社区发展和自然保护
的关系，充分发挥社区的主观能动性。

5. 社会机制设计

国家公园规划建设中主要参与的社会组织包括志愿者、非政府组织和科研机构。国
家公园应当为科研机构和志愿者团队搭建正式、长期的合作平台，科研机构和志愿者团
队可以为公园提供科研支持和环境教育等方面的帮助；非政府组织一方面可以提供社区
参与式的自然保护经验，另一方面可以帮助国家公园规划建设。政府可以给予非政府组
织认证和一定的操作空间。

9.2.2 国家公园体制机制现阶段改革要点

1. 顶层设计

尽早成立国家公园管理总局，明确国家公园职责，成立国家公园规划专家组、遴选
专家组，组建国家公园论坛，加大地方国家公园管理人才培养。

2. 协调机制

着力创新跨地区协调机制，完善政府间纵向协调机制，建立公众参与机制，促进社
区间、社区与国家公园间协调机制。

3. 社区机制

严格控制国家公园内部社区的基础建设；建设无污染零排放环境友好型和资源节约
型的社区；恢复传统生产系统和弘扬传统文化；建立多样化的自然资源产权管理机制；
以党建为中心，逐渐恢复村规民约，加强社区建设。

4. 社会机制

着力培养志愿者组织等社会组织，鼓励企业成立环保基金会；为环保型组织提供实
践和机制创新平台；鼓励国家公园与相关院校和科研机构建立正式的合作关系。

参考文献

[1] 鲍曼. 2003. 共同体：在一个不确定的世界中寻找安全[M]. 欧阳景根，译. 南京：江苏人民出版社.

[2] 波蒂特 A R，詹森 M A，奥斯特罗姆 E. 2011. 共同合作——集体行为、公共资源与实践中的多元方法[M]. 路蒙佳，译. 北京：中国人民大学出版社.

[3] 曹国安. 2004. 管制、政府管制与经济管制[J]. 经济评论，1：93-103.

[4] 陈柏峰. 2011. 熟人社会：村庄秩序机制的理想型探究[J]. 社会，（1）.

[5] 陈广胜. 2007. 走向善治[M]. 杭州：浙江大学出版社：124-125.

[6] 陈锡文. 2012a. "三化"同步发展总工程——评《农业现代化——与工业化、城镇化同步发展研究》[J]. 中国农村经济，（7）：93-96.

[7] 陈锡文. 2012b. 把握农村经济结构、农业经营形式和农村社会形态变迁的脉搏[J]. 开放时代，（3）：112-115.

[8] 陈鑫峰. 2002. 美国国家公园体系及其资源标准和评审程序[J]. 世界林业研究，15（5）：49-55.

[9] 董丽，张云路. 2010. 日本里山环境保护活动的经验与启示[J]. 湖南农业大学学报（自科版），（s2）：156-158.

[10] 格里·斯托克. 1999. 作为理论的治理：五个论点[J]. 国际社会科学（中文版），（2）.

[11] 桂华. 2014. 项目制与农村公共品供给体制分析[J]. 政治学研究，（4）.

[12] 贺雪峰，仝志辉. 2002b. 论村庄社会关联[J]. 中国社会科学，（3）.

[13] 贺雪峰. 2013. 关于"中国式小农经济"的几点认识[J]. 南京农业大学学报（社会科学版），13（6）：1-6.

[14] 贺雪峰. 2011a. 论富人治村——以浙江奉化调查为讨论基础[J]. 社会科学研究，（2）：111-119.

[15] 贺雪峰. 2011b. 论利益密集型农村地区的治理——以河南周口市郊农村调研为讨论基础[J]. 政治学研究，（6）：47-56.

[16] 贺雪峰. 2007. 农民行动逻辑与乡村治理的区域差异[J]. 开放时代，（1）：105-121.

[17] 贺雪峰. 2001. 乡村治理的社会基础[M]. 北京：中国社会科学出版社.

[18] 黄宗智，彭玉生. 2007. 三大历史性变迁的交汇与中国小规模农业的前景[J]. 中国社会科学，（4）：

74-88.

[19]　黄宗智.2010.中国的隐性农业革命[M].北京：法律出版社.

[20]　柯克•约翰逊.2005.电视与乡村社会变迁——对印度两村庄的民族志调查[M].展明辉，张金玺，译.北京：中国人民大学出版社.

[21]　赖启福，陈秋华，黄秀娟.2009.美国国家公园系统发展及旅游服务研究[J].林业经济问题，29（5）：448-453.

[22]　李宾，马九杰.2014.劳动力转移、农业生产经营组织创新与城乡收入变化影响研究[J].中国软科学，（7）：60-76.

[23]　李慧.2010.公共产品产品供给过程中的市场机制[D].天津：南开大学.

[24]　李强，毛雪峰，张涛.2008.农民工汇款的决策、数量与用途分析[J].中国农村观察，（3）：3-12.

[25]　李强.2001.中国外出农民工及其汇款之研究[J].社会学研究，（4）：64-76.

[26]　刘承芳，张林秀.2002.农户农业生产性投资影响因素研究——对江苏省六个县市的实证分析[J].中国农村观察，（4）：34-42.

[27]　刘鸿雁.2001.加拿大国家公园的建设与管理及其对中国的启示[J].生态学杂志，20（6）：50-55.

[28]　罗鹏，裴盛基，许建初.2001.云南的圣境及其在环境和生物多样性保护中的意义[J].山地学报，19（4）：327-333.

[29]　马盟雨，李雄.2015.日本国家公园建设发展与运营体制概况研究[J].中国园林，31（2）：32-35.

[30]　裴盛基.2004.云南民族文化多样性与自然保护[J].云南植物研究，（4）：1-11.

[31]　裴盛基.2011.中国民族植物学研究三十年概述与未来展望[J].中央民族大学学报（自然科学版），20（2）：5-9.

[32]　裴盛基.2006.自然圣境与生物多样性保护[J].科学，58（6）：29-31.

[33]　奇达夫，蔡文彬.2007.社会网络与组织[M].王凤彬，朱超威，等译.北京：中国人民大学出版社.

[34]　申世广，姚亦锋.2001.探析加拿大国家公园确认与管理政策[J].中国园林，17（4）：91-93.

[35]　史清华，彭小辉，张锐.2014.中国农村能源消费的田野调查——以晋黔浙三省2253个农户调查为例[J].管理世界，（5）：80-92.

[36]　郜秀军.2011.西部山区农户薪材消费的影响因素分析[J].中国农村经济，（7）：85-92.

[37]　仝志辉，贺雪峰.2002a.村庄权力结构的三层分析——兼论选举后村级权力的合法性[J].中国社会科学，（1）：158-167

[38]　王辉，刘小宇，王亮，等.2016.荒野思想与美国国家公园的荒野管理——以约瑟米蒂荒野为例[J].资源科学，38（11）：2192-2200.

[39]　王辉，孙静，袁婷，等. 2015a. 美国国家公园生态保护与旅游开发的发展历程及启示[J]. 旅游论坛，8（6）：1-6.

[40]　王辉，孙静，等. 2015b. 美国国家公园管理体制进展研究[J]. 辽宁师范大学学报（社会科学版），（1）：44-48.

[41]　王辉，张佳琛，刘小宇，等. 2016. 美国国家公园的解说与教育服务研究——以西奥多·罗斯福国家公园为例[J]. 旅游学刊，31（5）：119-126.

[42]　王蕾，苏杨. 2012. 从美国国家公园管理体系看中国国家公园的发展（下）[J]. 大自然，（6）：14-17.

[43]　王琳. 2014. 环境税开征的效应分析和政策建议——基于我国现行准环境税税收数据的分析[D]. 厦门：厦门大学.

[44]　王平. 2013. 宗教文化与生态文明建设的思考[J]. 前沿，13：196-198.

[45]　王文灿. 2007. 中国薪柴利用的影响因素分析[J]. 农业资源与环境科学，23（12）：386-390.

[46]　王欣歆，吴承照. 2014. 美国国家公园总体管理规划译介[J]. 中国园林，（6）：120-124.

[47]　王瑜，仝志辉. 2012. 转型抗争：从社会转型的视角理解近阶段中国农民抗争[J]. 中国农业大学学报，（4）：116-123.

[48]　王跃生. 2009. 中国当代家庭结构变动的分析——立足于社会变革时代的农村[M]. 北京：中国社会科学出版社.

[49]　韦夏婵. 2003. 美国国家公园制度现状研究与思考[J]. 旅游论坛，14（6）：96-99.

[50]　徐玲燕. 2005. 环境保护的社会机制[D]. 杭州：浙江大学.

[51]　杨超伦. 2004. 日本，朱鹮为何灭绝？[J]. 生态经济（中文版），（1）：16-19.

[52]　杨锐. 2003. 借鉴美国国家公园经验探索自然文化遗产管理之路[J]. 科学中国人，（6）.

[53]　杨锐. 2001. 美国国家公园体系的发展历程及其经验教训[J]. 中国园林，（1）：62-64.

[54]　殷培红，和夏冰. 2015. 建立国家公园的实现路径与体制模式探讨[J]. 环境保护，43（14）：24-29.

[55]　俞可平. 2000. 治理与善治[M]. 北京：社会科学文献出版社：270-271.

[56]　张玉钧，北尾邦伸. 2001. 日本的里山及其管理与保护[J]. 北京林业大学学报，23（1）：90-92.

[57]　赵宇. 2012. 我国环境教育的现状与对策分析[D]. 石家庄：河北经贸大学.

[58]　周雪光. 2002. 组织社会学十讲[M]. 北京：社会科学文献出版社.

[59]　朱春全. 2014. 关于建立国家公园体制的思考[J]. 生物多样性，22（4）：418-420.

[60]　朱璇. 2006. 美国国家公园运动和国家公园系统的发展历程[J]. 风景园林，（6）：22-25.

[61]　庄优波. 2014. 德国国家公园体制若干特点研究[J]. 中国园林，（8）：26-30.

[62]　Borgatti S P，Mehra A，Brass D J，et al. 2009. Network Analysis in the Social Sciences[J]. Science，

323（5916）：892-895.

[63] Buckley R，Cater C，Linsheng Z，et al. 2008. SHENGTAI LUYOU：Cross-Cultural Comparison in Ecotourism[J]. Annals of Tourism Research，35（4）：945-968.

[64] Hajjar R，Kozak R A，El-Lakany H，et al. 2013. Community Forests for Forest Communities：Integrating Community-defined Goals and Practices in the Design of Forestry Initiatives [J]. Land Use Policy，34：158-167.

[65] IFRI. 2013. International Forestry Resources and Institutions（IFRI）network：research methods[EB/OL]. www.ifriresearch.net.

[66] Lam W F. 2013. Chapter 32：Governing the Commons[A]//Mark Bevir. SAGE Handbook of Governance[C]. Singapore：SAGE Publications Asia-Pacific Pvt Ltd.

[67] Li W. 2004. Environmental Management Indicators for Ecotourism in China's Nature Reserves：A Case Study in Tianmushan Nature Reserve[J]. Tourism Management，25（5）：559-564.

[68] Li W，Han N. 2001. Ecotourism Management in China's Nature Reserves[J]. AMBIO：A Journal of the Human Environment，30（1）：62-63.

[69] Liu J，Dietz T，Carpenter S R，et al. 2007. Complexity of Coupled Human and Natural Systems [J]. Science，317（5844）：1513-1517.

[70] Meinzen-Disk R. 2007. Beyond Panaceas in Water Institutions [J]. Proceedings of the National Academy of Sciences，104（39）：15200-15205.

[71] Murdoch J. 2000. Networks—a New Paradigm of Rural Development？[J]. Journal of Rural Studies，16（4）：407-419.

[72] Ostrom E. 1998. A Behavioral Approach to the Rational Choice Theory of Collective Action [J]. American Political Science Review，92（1）：1-22.

[73] Ostrom E，Gardner R，Walker J. 1994. Rules，Games，and Common-Pool Resources[M]. Ann Arbor：University of Michigan Press.

[74] Ostrom E. 2009. A General Framework for Analyzing Sustainability of Social-ecological Systems[J]. Science，325（5939）：419-422.

[75] Ostrom E. 2005. Understanding Institutional Diversity[M]. Princeton，NJ：Princeton University Press.

[76] Persha L，Agrawal A，Chhatre A. 2011. Social and Ecological Synergy：Local Rulemaking，Forest Livelihoods，and Biodiversity Conservation[J]. Science，331：1606-1608.

[77] Wang Lanxin，Yang Zhengbin，Zhao Jianwei，et al. 2014. Sacred Natural Site and Regional

Biodiversity Conservation in Xishuangbanna[J]. Agricultural Science & Technology，15（10）：1797-1800.

[78]　Wouterse F S，Taylor J E. 2008. Migration and Income Diversification：Evidence from Burkina Faso [J]. World Development，36（4）：625-640.

[79]　Wu H X，Meng X. 1997. The Impact of the Relocation of Farm Labour on Chinese Grain Production [J]. China Economic Review，7（2）：105-122.

声　明

　　本书所有地理疆域的命名及图示，不代表中国国家发展和改革委员会、美国保尔森基金会和中国河仁慈善基金会对任何国家、领土、地区，或其边界，或其主权政府法律地位的立场观点。

　　本书所有内容仅为研究团队专家观点，不代表中国国家发展和改革委员会、美国保尔森基金会、中国河仁慈善基金会的观点。

　　本书的知识产权归中国国家发展和改革委员会、美国保尔森基金会、中国河仁慈善基金会和本书著（编）者共同拥有。未经知识产权所有者书面同意，严禁任何形式的知识产权侵权行为，严禁用于任何商业目的，违者必究。

　　引用本书相关内容请注明来源和出处。